应用型本科高校建设示范教材

微积分（经管类）教程篇（下册）

主 编 曹海军 王海棠 周玲丽

副主编 张 鑫 马彦君 李 丽 于学光

中国水利水电出版社
www.waterpub.com.cn
·北京·

内 容 提 要

本书以培养学生的专业素质为目的，充分吸收多年来的教学实践经验和教学改革成果，主要特点是把数学知识和经济学、管理学的有关内容有机结合起来，融经济、管理于数学，培养学生用数学知识和方法解决实际问题的能力。

《微积分（经管类）教程篇》分上下两册。上册内容包括函数、极限与连续、导数与微分、一元函数微分的应用、一元函数积分学。下册内容包括微分方程与差分方程、多元函数微分学、二重积分、无穷级数、数学实验等。

本书内容全面、结构严谨、推理严密、详略得当、例题丰富；可读性及应用性强；难易适度，证明简洁，注重数学知识的应用性；拓展内容新颖，数学实验简单实用。本书可作为普通高等院校经济管理类学科“微积分”课程的教材或教学参考书。

图书在版编目（ＣＩＰ）数据

微积分 ：经管类. 教程篇. 下册 / 曹海军，王海棠，周玲丽主编. -- 北京 ：中国水利水电出版社，2022.5
应用型本科高校建设示范教材
ISBN 978-7-5226-0704-7

Ⅰ. ①微… Ⅱ. ①曹… ②王… ③周… Ⅲ. ①微积分－高等学校－教材 Ⅳ. ①O172

中国版本图书馆CIP数据核字(2022)第081242号

策划编辑：杜威　　责任编辑：高辉　　加工编辑：曲书瑶　　封面设计：梁燕

书　　名	应用型本科高校建设示范教材 微积分（经管类）教程篇（下册） WEIJIFEN (JINGGUAN LEI) JIAOCHENG PIAN
作　　者	主　编　曹海军　王海棠　周玲丽 副主编　张　鑫　马彦君　李　丽　于学光
出版发行	中国水利水电出版社 （北京市海淀区玉渊潭南路 1 号 D 座　100038） 网址：www.waterpub.com.cn E-mail：mchannel@263.net（万水） sales@mwr.gov.cn 电话：（010）68545888（营销中心）、82562819（万水）
经　　售	北京科水图书销售有限公司 电话：（010）68545874、63202643 全国各地新华书店和相关出版物销售网点
排　　版	北京万水电子信息有限公司
印　　刷	三河市航远印刷有限公司
规　　格	170mm×240mm　16 开本　11.75 印张　217 千字
版　　次	2022 年 5 月第 1 版　2022 年 5 月第 1 次印刷
印　　数	0001－2000 册
定　　价	32.00 元

前　言

一、数学的发展

数学是研究现实世界的数量关系和空间形式的科学，简单来说，就是研究数和形的科学。

数学是一门古老而又年轻的科学。早在公元前两千多年，人们由于贸易、测量和航海的需要，整理了更远古的计算和测量方法，从而形成了数学。这一时期，数学知识还是片面的、零碎的，没有形成严谨的体系，称为数学的萌芽时期。

从公元前 6 世纪开始，古希腊的数学就已获得独立的地位，而数学作为一门完整的科学，是在公元前 3 世纪，由欧几里得的不朽之作《几何原本》确立的。公元前 6 世纪到 17 世纪中叶，称为初等数学时期；17 世纪，笛卡尔的解析几何与微积分的诞生成为变量数学的标志；18 世纪，由于物理学、天文学和数学本身的发展，出现许多新的数学分支，如级数、微分方程、微分几何、复变函数、实变函数和泛函分析等，因此 18 世纪是分析的世纪；19 世纪至今，产生了非欧几何，康托尔创立了集合论，由此产生了拓扑学、概率统计、运筹学、控制论、系统分析、经济数学和生物数学等。

二、微积分概述

在中学阶段学习的主要是初等数学（包括初等代数和初等几何），其研究对象基本是不变的量；微积分则是以函数（变量）、连续函数为研究对象，极限是其最基本的研究方法，微分与积分为其主要内容。

微积分对于高等院校经管类学生来说是一门面广、量大而影响深远的重要基础课程，概念难度偏大、理论性强、抽象性强。通过对微积分的学习，学生应当掌握微积分的基本概念、基本理论，培养数学运算能力、抽象思维能力、逻辑思维能力、自学能力和创新能力，提高数学修养和数学素质，为以后学习专业技术知识和从事科学技术研究打下坚实的基础。

微积分诞生于 300 多年以前，被科学家誉为人类思想的伟大成果之一。几百年来，微积分一直被各个大学作为重要的基础课来让学生学习，原因就是它非常有用，而且对于培养思维能力来说有积极作用。微积分来源于实践，也可应用于实践，在工程技术乃至社会科学领域都有非常重要的应用。下面举几个典型的例子。比如，在火箭的发射、升空、飞行过程中，它做的是变速运动，那么怎样定义火箭运动的瞬时速度？怎样计算瞬时速度？比如，对一条任意形状的光滑曲线，怎样求曲线上某一点处的切线？比如，一门大炮，它的炮身和地面的夹角直接影响到炮弹的射程，则它和地面的夹角为多少时炮弹的射程最远？再比如，对一块边缘不规则的田地，怎样求出这块田地的面积？这些问题都可以用微积分来解决。实际上，这四个例子对应着历史上著名的四大类问题，即速度问题、切线问题、最大最小值问题、求面积和体积问题，它们是微积分产生的源泉。

微积分是微分学和积分学的统称，它的萌芽、诞生与发展经历了漫长的时期。早在古希腊时期，欧多克斯提出了穷竭法，这是微积分的先驱。而我国庄子的《天下篇》中也有“一尺之棰，日取其半，万世不竭”的极限思想；公元 263 年，刘徽为《九章算术》作注时提出了“割圆术”，用正多边形来逼近圆周，这是极限思想的成功运用。

积分概念是从求某些面积、体积和弧长的问题中产生的。古希腊数学家阿基米德在《抛物线求积法》中用穷竭法求出抛物线弓形的面积，他没有用极限方法，而是用“有限”开工的穷竭法，这成为积分学的萌芽。

微分是从对曲线作切线的问题和求函数的极大值、极小值问题中产生的。微分方法的第一个真正值得注意的先驱工作起源于 1629 年费马陈述的概念。费马给出了如何确定极大值和极小值的方法。其后英国剑桥大学三一学院的巴罗教授又给出了求切线的方法，进一步推动了微分学概念的产生。在前人工作的基础上，牛顿和莱布尼茨在 17 世纪下半叶各自独立创立了微积分。

1665 年 5 月 20 日，在牛顿手写的一份文件中开始有“流数术”的记载，微积分的诞生不妨以这一天为标志。牛顿关于微积分的著作很多写于 1665—1676 年，但这些著作发表很迟。他完整地提出微分与积分是一对互逆运算，并且给出换算的公式，就是后来著名的牛顿－莱布尼茨公式。

如果将整个数学比作一棵大树，那么初等数学是树的根，名目繁多的数学分支是树枝，而树干的主要部分就是微积分。从 17 世纪开始，随着社会的进步和生产力的发展，以及航海、天文、矿山建设等领域许多课题要解决，数学也开始研究变化着的量，由此数学进入了“变量数学”时代，即微积分不断完善成为一门学科。整个 17 世纪有数十位科学家为微积分的创立进行了开创性的研究，但使微积分成为数学的一个重要分支的还是牛顿和莱布尼茨。

微积分的诞生一般分为三个阶段：极限概念阶段、求积的无限小方法阶段、积分与微分的互逆关系阶段。最后一个阶段是由牛顿和莱布尼茨完成的。前两阶段的工作，欧洲的大批数学家（可追溯到古希腊的阿基米德）都做出了各自的贡献。追溯到公元前 3 世纪，在古希腊的数学家、力学家阿基米德（公元前 287—

公元前 212 年）的著作《圆的测量》和《论球与柱》中就已含有微积分的萌芽，他在抛物线下的弓形面积、球和球冠面积、螺线下的面积和旋转双曲线的体积问题的研究中就隐含着近代积分的思想。开普勒在 1615 年《测量酒桶体积的新科学》一书中，就把曲线看成边数无限增大的直线形，并提出圆的面积就是无穷多的三角形面积之和，这些都可视为极限思想的佳作。意大利数学家卡瓦列利在 1635 年出版的《连续不可分几何》一书中把曲线看成是无限多条线段（不可分量）拼成的。对于这方面的工作，古代中国毫不逊色于西方，微积分思想在中国早有萌芽，甚至是古希腊数学不能比拟的。公元前 7 世纪老庄哲学中就有无限可分性和极限思想；公元前 4 世纪《墨经》中有了有穷、无穷、无限小（最小无内）、无穷大（最大无外）的定义和极限、瞬时等概念。刘徽在公元 263 年首创了割圆术求圆面积和方锥体积，求得圆周率约等于 3.1416，他的极限思想和无穷小方法是世界古代极限思想的深刻体现。

微积分思想虽然可追溯至古希腊，但它的概念和法则却是 16 世纪下半叶，在开普勒、卡瓦列利等求积的不可分量思想和方法基础上产生和发展起来的。而这些思想和方法从刘徽对圆锥、圆台、圆柱的体积公式的证明到公元 5 世纪祖暅求球体积的方法中都可找到。北宋大科学家沈括在《梦溪笔谈》中独创了“隙积术”“会圆术”和“棋局都数术”，开始了对高阶等差级数求和的研究。

上述科学家都为 17 世纪微积分成为一门科学奠定了基础，解析几何也为微积分的创立奠定了基础。16 世纪以后欧洲封建社会日趋没落，资本主义逐渐兴起，为科学技术的发展开创了美好前景。到了 17 世纪，许多著名的数学家、天文学家、物理学家都为解决上述四大类问题做了大量的研究工作。笛卡尔 1637 年发表了《科学中的正确运用理性和追求真理的方法论》（简称《方法论》），创立了解析几何，表明了几何问题不仅可以归结成代数形式，而且可以通过代数变换来发现、证明几何性质。他不仅用坐标表示点的位置，而且把点的坐标运用到曲线上。他认为点移动成线，所以方程不仅可表示已知数与未知数之间的关系、变量与变量之间的关系，还可以表示曲线。此外，笛卡尔还打破了表示体积、面积及长度的量之间不可进行加减的束缚。至此几何图形的各种量可以转化为代数量来进行表示，使得几何与代数在数量上统一了起来。就这样笛卡尔把相互对立的“数”与“形”统一起来，从而实现了数学史上的一次飞跃，为微积分的成熟提供了必要条件，开拓了变量数学的广阔空间。

三、关于本教材

本教材充分考虑高等教育大众化阶段的现实状况，以教育部非数学专业数学基础课教学指导分委员会制定的新的“经济管理类本科数学基础课程教学基本要求”为依据，结合经管类研究生入学考试的数学大纲进行编写。参加本教材编写的人员都是多年担任经济数学实际教学的教师，他们都有较高的理论造诣和较丰富的教学经验。本教材以培养应用型人才为目标，将数学基本知识与经济、管理学科中的实际应用有机结合起来，主要有以下几个特点：

（1）注重体现应用型本科院校特色。根据经济类和管理类各专业对数学知识的需求，本着“轻理论、重应用”的原则制定内容体系。

（2）注重理论联系实际。在内容安排上由浅入深，与中学数学进行了合理的衔接。在引入概念时，介绍了概念产生的实际背景，采用提出问题—讨论问题—解决问题的思路，逐步展开知识点，使学生能够从实际问题出发，激发学习兴趣；另外在微分学与积分学章节中，引入了经济、管理类的实际应用例题和课后练习题，以培养学生应用数学工具解决实际问题的意识和能力。

（3）本教材结构严谨、逻辑严密、语言准确、解析详细，易于学生阅读。由于弱化了抽象理论，突出了理论应用和方法介绍，内容深度广度适当，贴近教学实际，便于教师教与学生学。本教材内容分为教程篇（上、下册）和导学篇（上、下册），包括函数的极限、一元函数微积分学、微分方程、多元函数微积分学、无穷级数、数学实验、微积分在经济中的应用等内容。

（4）在教程篇每一章的结束部分，都增加了数学拓展，其中包含数学建模和有杰出贡献的数学家的生平简介。通过数学建模，可以使学生认识到所学的数学知识在经济、管理学中有着广泛的应用，同时能够利用所学知识对相应问题进行简单求解。通过介绍数学家的生平和事迹，可以使学生真正了解数学发展的基本过程，而且能让学生学习数学家追求真理、维护真理的坚韧不拔的科学精神。在导学篇每章的后面都配有单元练习，供学生学完一章后复习、总结、提高之用。其中的题目主要考查本章必须掌握的知识点，并强调知识点的综合运用，注重培养学生的解题思路和解题方法，便于学生自测。

（5）与中学数学衔接紧密。附录Ⅰ中对常用基本初等函数的定义域和图像进行全面总结，附录Ⅱ对常见的三角函数公式进行了全面总结，并在附录Ⅲ、Ⅳ、Ⅴ中分别介绍了二阶行列式、三阶行列式、一些常用的平面曲线及其图形、各种类型的不定积分公式，供学生查阅参考。

在编写过程中，我们借鉴同类院校经典教材的优点，注重教材改革中的一些成功案例，使得本教材更适合当代大学生人才培养和教学实践的需要。

本教材为了更好地实现与中学数学内容的衔接，对反三角函数的相关内容进行了详细描述；为保证教学内容更加系统，将微分方程调整到定积分之后；根据现有微积分课程课时要求，对空间解析几何的内容进行了适当精简合并，将其添加到多元函数微分学的第一节，同时增加了大量经济、管理数学模型的例题和习题。

参加教程篇编写的有曹海军（第 1—5 章），周玲丽（第 6、7、10 章），张鑫（第 8、9 章）。教程篇由曹海军、周玲丽统稿及定稿。参加导学篇编写的有王海棠（第 1、2、9、10 章），马彦君（第 3、4 章），李丽（第 5、6 章），于学光（第 7、8 章）。导学篇由王海棠统稿及定稿。在编写过程中，我们参考和借鉴了许多国内外有关文献资料，并得到了很多同行的帮助和指导，在此对所有关心支持本教材编写的教师表示衷心感谢。

限于编写水平，书中难免有错误和不足之处，敬请广大读者批评指正。

编 者

2022 年 3 月

目　录

第 6 章　微分方程与差分方程

在研究经济管理和科学技术的许多问题中，函数具有重要的作用．由于客观世界的复杂性，很多情况下往往不能直接找出所需要的函数．但是，根据具体问题所提供的信息，可以建立未知函数及其导数或者微分的关系式，这种关系式就是所谓的**微分方程**．列出微分方程后，用一定的方法找出满足方程的未知函数，这一过程就叫**解微分方程**．本章将介绍常微分方程的一些基本概念、几类简单而又实用的微分方程的解法及其在经济问题中的应用．

在经济管理和许多实际问题中，数据大多数是按等时间间隔进行周期统计的，因此，有关变量的取值是离散变化的，如何寻求它们之间的关系和变化规律呢？差分方程是研究这类离散型数学问题的有力工具．本章将在 6.5 节介绍差分方程的基本概念及一阶差分方程的求解方法．

【学习目标】

- 理解微分方程和差分方程的概念和性质．
- 掌握求解可分离变量的齐次微分方程、一阶线性微分方程的方法．
- 会求解可降阶的二阶微分方程和二阶线性常系数微分方程．
- 能够求解简单的经济微分方程和差分方程．

6.1　微分方程的基本概念

6.1.1　引例

人类社会进入 20 世纪以来，在科学技术和生产力飞速发展的同时，世界人口也以空前的规模增长，而建立人口模型，揭示人口数量的变化规律，做出较准确的预报，是有效控制人口增长的前提．

200 多年前，英国人口学家马尔萨斯（Malthus，1766—1834）调查了英国 100 多年的人口统计资料，得出了人口增长率不变的假设，据此建立了著名的**人口指数增长模型．**

记时刻 t 的人口为 $x(t)$，考察一个国家或者一个较大地区的人口时，$x(t)$ 是一个很大的整数. 利用微积分这一数学工具，将 $x(t)$ 视为连续、可微函数，记初始时刻$(t=0)$的人口为 x_0. 假设人口增长率为常数 k，即单位时间内 $x(t)$ 的增量为 k 乘以 $x(t)$. 考虑 t 到 $t+\Delta t$ 时间内人口的增量，显然有

$$x(t+\Delta t)-x(t)=kx(t)\Delta t.$$

令 $\Delta t\to 0$，得到 $x(t)$ 满足方程 $\dfrac{\mathrm{d}x}{\mathrm{d}t}=kx$. 而由上述方程可得 $\dfrac{\mathrm{d}x}{x}=k\mathrm{d}t$，

两边积分，得
$$\int\frac{\mathrm{d}x}{x}=k\int\mathrm{d}t,$$
即
$$\ln x=kt+C_1\ (x>0),$$
从而
$$x(t)=\mathrm{e}^{kt+C_1}=\mathrm{e}^{C_1}\mathrm{e}^{kt}=C\mathrm{e}^{kt}\quad (C=\mathrm{e}^{C_1}).$$
又由 $x(0)=x_0$ 得 $C=x_0$，故 $x(t)=x_0\mathrm{e}^{kt}$.

历史上，人口指数增长模型与 19 世纪以前欧洲的一些地区的人口统计数据可以很好地吻合，迁往加拿大的欧洲移民后代的人口统计数据也大致符合这个模型.

6.1.2 微分方程的概念

上述人口指数增长模型中含有未知函数的导数，这就是一个微分方程.

定义 6.1.1 表示未知函数、未知函数的导数或微分与自变量之间的关系的方程称为**微分方程**. 未知函数为一元函数的方程，称为**常微分方程**；未知函数是多元函数的方程，称为**偏微分方程**.

注意：一个微分方程可以不含有自变量和未知函数，但必须含有未知函数的导数或微分. 例如 $y''=5$ 也是一个微分方程.

定义 6.1.2 微分方程中所含未知函数导数的最高阶数称为**微分方程的阶**.

例如，方程

$$y'''-y'=\sin x$$

是三阶微分方程.

方程

$$\frac{\mathrm{d}y}{\mathrm{d}x}=3x^2 \text{ 和 } x^2\mathrm{d}x-y^2\mathrm{d}y=0$$

都是一阶微分方程.

方程

$$y^{(4)}+xy''=\mathrm{e}^x$$

是四阶微分方程.

一般地，n 阶微分方程的一般形式为

$$F\left(x,y,y',y'',\cdots,y^{(n)}\right)=0 \text{ 或者 } y^{(n)}=f\left(x,y,y',y'',\cdots,y^{(n-1)}\right).$$

值得注意的是，在 n 阶微分方程中，$y^{(n)}$ 是必须出现的．

定义 6.1.3　若把某个函数 $y=y(x)$ 代入微分方程后，能使方程成为恒等式，则称该函数 $y=y(x)$ 是微分方程的**解**．如果微分方程的解中所含有的相互独立的任意常数的个数等于微分方程的阶数，则称该解为微分方程的**通解**．

例如，函数 $s=-\dfrac{1}{2}gt^2+C_1t+C_2$ 是二阶微分方程 $\dfrac{\mathrm{d}^2s}{\mathrm{d}t^2}=-g$ 的解，且是它的通解．

定义 6.1.4　通解中任意常数确定了的解，称为微分方程的**特解**，确定任意常数的条件称为**初始条件**．

如引例中，$x(0)=x_0$ 是初始条件，函数 $x(t)=C\mathrm{e}^{kt}$ 是一阶微分方程 $\dfrac{\mathrm{d}x}{\mathrm{d}t}=kx$ 的通解，$x(t)=x_0\mathrm{e}^{kt}$ 是满足初始条件 $x(0)=x_0$ 的特解．

求微分方程 $y'=f(x,y)$ 满足初始条件 $y\big|_{x=x_0}=y_0$ 的特解的这样一个问题，称为一阶微分方程的**初值问题**，记作

$$\begin{cases} y'=f(x,y), \\ y\big|_{x=x_0}=y_0. \end{cases} \tag{6.1.1}$$

微分方程的解的图形是一条曲线，称为**微分方程的积分曲线**．初值问题(6.1.1)的几何意义就是求微分方程的通过点 (x_0,y_0) 的那条积分曲线．同样，二阶微分方程的初值问题

$$\begin{cases} y''=f(x,y,y'), \\ y\big|_{x=x_0}=y_0,\ y'\big|_{x=x_0}=y_1 \end{cases}$$

的几何意义是，求微分方程的通过点 (x_0,y_0) 且在该点处的切线斜率为 y_1 的那条积分曲线．

例 6.1.1　（1）验证函数 $y=C_1\cos kx+C_2\sin kx$ 是微分方程 $\dfrac{\mathrm{d}^2y}{\mathrm{d}x^2}+k^2y=0$ 的通解；

（2）求（1）中满足初始条件 $y\big|_{x=0}=2$，$y'\big|_{x=0}=3$ 的特解．

解　（1）对函数 $y=C_1\cos kx+C_2\sin kx$ 两边分别求导，得

$$\frac{\mathrm{d}y}{\mathrm{d}x}=-kC_1\sin kx+kC_2\cos kx,$$

再次求导，得

$$\frac{\mathrm{d}^2y}{\mathrm{d}x^2}=-k^2C_1\cos kx-k^2C_2\sin kx.$$

将 y 和 $\dfrac{\mathrm{d}^2y}{\mathrm{d}x^2}$ 代入微分方程 $\dfrac{\mathrm{d}^2y}{\mathrm{d}x^2}+k^2y=0$ 的左端，得

$$-k^2C_1\cos kx-k^2C_2\sin kx+k^2\left(C_1\cos kx+C_2\sin kx\right)=0 .$$

所以 $y=C_1\cos kx+C_2\sin kx$ 是微分方程的解.

又因为原微分方程是二阶微分方程，而 $y=C_1\cos kx+C_2\sin kx$ 中含有两个相互独立的任意常数 C_1 和 C_2，所以 $y=C_1\cos kx+C_2\sin kx$ 是微分方程 $\dfrac{d^2y}{dx^2}+k^2y=0$ 的通解.

（2）将初始条件 $y\big|_{x=0}=2$ 代入通解中，得

$$C_1=2 .$$

将 $y'\big|_{x=0}=3$ 代入 $\dfrac{dy}{dx}=-kC_1\sin kx+kC_2\cos kx$ 中，得

$$C_2=\frac{3}{k} .$$

因此，满足初始条件的微分方程的特解是

$$y=2\cos kx+\frac{3}{k}\sin kx .$$

6.2 一阶微分方程

一阶微分方程的一般形式为

$$F\left(x,y,y'\right)=0 ,$$

如果上式中 y' 可解出，则方程可写成

$$y'=f\left(x,y\right) .$$

一阶微分方程有时也可写成如下的对称形式：

$$P\left(x,y\right)dx+Q\left(x,y\right)dy=0 .$$

本节我们介绍几种主要的一阶微分方程及其解法.

可分离变量的微分方程

6.2.1 可分离变量的微分方程

如果一阶微分方程 $F\left(x,y,y'\right)=0$ 能化为如下形式：

$$g\left(y\right)dy=f\left(x\right)dx , \tag{6.2.1}$$

则原方程称为**可分离变量的微分方程**.

如果方程 $\dfrac{dy}{dx}=e^{x+y}$ 可化为

$$\frac{1}{e^y}dy=e^xdx ,$$

则原方程是可分离变量的微分方程.

将式（6.2.1）两边分别对 x，y 积分

$$\int g(y)\mathrm{d}y=\int f(x)\mathrm{d}x,$$

即得微分方程（6.2.1）的通解为

$$G(y)=F(x)+C, \tag{6.2.2}$$

其中，C 为任意常数；$G(y)$ 和 $F(x)$ 分别是 $g(y)$ 和 $f(x)$ 的一个原函数. 式（6.2.2）称为微分方程（6.2.1）的**隐式通解**.

由此看到，解这类方程的方法是：首先经过适当的恒等变形，将含不同变量的函数及其微分分别置于方程的两边，将方程化为式（6.2.1）的形式，即分离变量；然后方程两边对不同变量进行积分，即可得解.

例 6.2.1　求微分方程 $\frac{\mathrm{d}y}{\mathrm{d}x}-\mathrm{e}^{y}\sin x=0$ 的通解.

解　分离变量，得

$$\mathrm{e}^{-y}\mathrm{d}y=\sin x\mathrm{d}x,$$

两边积分

$$\int \mathrm{e}^{-y}\mathrm{d}y=\int \sin x\mathrm{d}x,$$

得

$$-\mathrm{e}^{-y}=-\cos x+C.$$

则所给微分方程的通解为 $\cos x-\mathrm{e}^{-y}=C$.

例 6.2.2　求微分方程 $\frac{\mathrm{d}y}{\mathrm{d}x}=2xy$ 满足初始条件 $y\big|_{x=0}=1$ 的特解.

解　分离变量，得

$$\frac{\mathrm{d}y}{y}=2x\mathrm{d}x,$$

两边积分

$$\int\frac{\mathrm{d}y}{y}=\int 2x\mathrm{d}x,$$

得

$$\ln|y|=x^2+C_1.$$

从而 $y=\pm\mathrm{e}^{x^2+C_1}=\pm\mathrm{e}^{C_1}\mathrm{e}^{x^2}=C\mathrm{e}^{x^2}$（$C=\pm\mathrm{e}^{C_1}$）. 又 $y=0$ 也是原方程的解，故得原方程通解为 $y=C\mathrm{e}^{x^2}$. 把初始条件 $y\big|_{x=0}=1$ 代入上式，得 $C=1$. 故微分方程满足初始条件的特解为

$$y=\mathrm{e}^{x^2}.$$

6.2.2 齐次方程

如果一阶微分方程可化为

$$\frac{\mathrm{d}y}{\mathrm{d}x}=\varphi\left(\frac{y}{x}\right) \tag{6.2.3}$$

的形式，则称该微分方程为**齐次微分方程**（也简称齐次方程）.

下面介绍齐次方程通解的求法.

（1）将所给方程化为$\frac{\mathrm{d}y}{\mathrm{d}x}=\varphi\left(\frac{y}{x}\right)$.

（2）作变换，令$u=\frac{y}{x}$，则有

$$y=ux,\quad \frac{\mathrm{d}y}{\mathrm{d}x}=u+x\frac{\mathrm{d}u}{\mathrm{d}x},$$

代入方程（6.2.3），得

$$u+x\frac{\mathrm{d}u}{\mathrm{d}x}=\varphi(u),$$

即

$$x\frac{\mathrm{d}u}{\mathrm{d}x}=\varphi(u)-u,$$

这是可分离变量的微分方程．将上式分离变量后两边同时积分得

$$\int\frac{\mathrm{d}u}{\varphi(u)-u}=\int\frac{\mathrm{d}x}{x}.$$

求出积分后，再用$\frac{y}{x}$代替u，便得所给齐次方程的通解.

例 6.2.3 求微分方程$(x-y)y\mathrm{d}x-x^2\mathrm{d}y=0$的通解.

解 将方程化为$\frac{\mathrm{d}y}{\mathrm{d}x}=\left(1-\frac{y}{x}\right)\cdot\frac{y}{x}$，令$u=\frac{y}{x}$，则有

$$y=ux,\quad \frac{\mathrm{d}y}{\mathrm{d}x}=u+x\frac{\mathrm{d}u}{\mathrm{d}x}.$$

代入原方程，得

$$u+x\frac{\mathrm{d}u}{\mathrm{d}x}=(1-u)u,$$

即

$$x\frac{\mathrm{d}u}{\mathrm{d}x}=-u^2,$$

分离变量，得

$$-\frac{1}{u^2}\mathrm{d}u=\frac{\mathrm{d}x}{x},$$

两边积分

$$\int -\frac{1}{u^2}\mathrm{d}u = \int \frac{\mathrm{d}x}{x}$$

得 $$\frac{1}{u} = \ln|x| + C_1,$$

即 $$\mathrm{e}^{\frac{1}{u}} = Cx\ (C = \pm\mathrm{e}^{C_1}).$$

将 $u = \dfrac{y}{x}$ 代入上式，便得原方程的通解为 $\mathrm{e}^{\frac{x}{y}} = Cx$.

例 6.2.4 求微分方程 $\dfrac{\mathrm{d}y}{\mathrm{d}x} = \dfrac{xy}{x^2 + xy - y^2}$ 的通解.

解 在原方程中，将 x 看成是 y 的函数，则原方程化为

$$\frac{\mathrm{d}x}{\mathrm{d}y} = \frac{x^2 + xy - y^2}{xy} = \frac{x}{y} + 1 - \frac{y}{x},$$

令 $u = \dfrac{x}{y}$，则有

$$x = uy,\ \frac{\mathrm{d}x}{\mathrm{d}y} = u + y\frac{\mathrm{d}u}{\mathrm{d}y}.$$

于是原方程可化为 $$u + y\frac{\mathrm{d}u}{\mathrm{d}y} = u + 1 - \frac{1}{u},$$

即 $$y\frac{\mathrm{d}u}{\mathrm{d}y} = \frac{u-1}{u}.$$

分离变量，得 $$\frac{u}{u-1}\mathrm{d}u = \frac{1}{y}\mathrm{d}y,$$

两边积分

$$\int \frac{u}{u-1}\mathrm{d}u = \int \frac{1}{y}\mathrm{d}y,$$

得

$$u + \ln|u-1| + C_1 = \ln|y|,$$

$$\left|\frac{y}{u-1}\right| = \mathrm{e}^{C_1}\mathrm{e}^{u},$$

即 $$\frac{y}{u-1} = C\mathrm{e}^{u}\quad (C = \pm\mathrm{e}^{C_1}).$$

将 $u = \dfrac{x}{y}$ 代入上式，得原方程的通解为 $\dfrac{y^2}{x-y} = C\mathrm{e}^{\frac{x}{y}}$.

除了齐次方程可经过变量代换化成可分离变量的微分方程之外，还有很多方程也可以经过变量代换化为可分离变量的微分方程. 下面再举一个例子.

例 6.2.5 求微分方程 $\frac{\mathrm{d}y}{\mathrm{d}x}=(x-y)^2+1$ 的通解.

解 该方程形式上不是可分离变量的，但如果进行适当的变量替换即可将其化为可分离变量的微分方程.

令 $u=x-y$，则有

$$\frac{\mathrm{d}u}{\mathrm{d}x}=1-\frac{\mathrm{d}y}{\mathrm{d}x}.$$

将上式代入原方程，得

$$\frac{\mathrm{d}u}{\mathrm{d}x}=-u^2,$$

这是一个可分离变量的微分方程．分离变量，得

$$-\frac{1}{u^2}\mathrm{d}u=\mathrm{d}x,$$

两边积分

$$\int\left(-\frac{1}{u^2}\right)\mathrm{d}u=\int\mathrm{d}x,$$

得

$$\frac{1}{u}=x+C.$$

将 $u=x-y$ 代入上式，得原方程的通解为 $y=x-\frac{1}{x+C}$.

一阶线性微分方程

6.2.3 一阶线性微分方程

方程

$$y'+P(x)y=Q(x) \tag{6.2.4}$$

称为**一阶线性微分方程**，其中 $P(x)$, $Q(x)$ 是 x 的已知函数.

当 $Q(x)\equiv 0$ 时，原方程化为

$$y'+P(x)y=0, \tag{6.2.5}$$

称为**一阶齐次线性微分方程**;

当 $Q(x)\neq 0$ 时，原方程为

$$y'+P(x)y=Q(x), \tag{6.2.6}$$

称为**一阶非齐次线性微分方程**.

下面我们研究一阶线性微分方程的解法.

（1）先解一阶齐次线性微分方程 $y'+P(x)y=0$．这是一个可分离变量的微分方程，所以分离变量，得

$$\frac{1}{y}\mathrm{d}y=-P(x)\mathrm{d}x,$$

两边积分
$$\int \frac{1}{y}\mathrm{d}y = -\int P(x)\mathrm{d}x,$$
得
$$\ln|y| = -\int P(x)\mathrm{d}x + C_1.$$
故方程（6.2.5）的通解为
$$y = C\mathrm{e}^{-\int P(x)\mathrm{d}x}\ (C = \pm \mathrm{e}^{C_1}). \tag{6.2.7}$$

（2）利用**常数变易法**求解一阶非齐次线性微分方程.

把一阶齐次线性微分方程（6.2.5）的通解，即式（6.2.7）中的任意常数 C 换成 x 的未知函数 $C(x)$，即作变换
$$y = C(x)\mathrm{e}^{-\int P(x)\mathrm{d}x}. \tag{6.2.8}$$

设（6.2.8）为一阶非齐次线性微分方程（6.2.6）的通解，则有
$$y' = C'(x)\mathrm{e}^{-\int P(x)\mathrm{d}x} - C(x)P(x)\mathrm{e}^{-\int P(x)\mathrm{d}x},$$
将上式代入方程（6.2.6），有
$$C'(x)\mathrm{e}^{-\int P(x)\mathrm{d}x} - P(x)C(x)\mathrm{e}^{-\int P(x)\mathrm{d}x} + P(x)C(x)\mathrm{e}^{-\int P(x)\mathrm{d}x} = Q(x),$$
即
$$C'(x) = Q(x)\mathrm{e}^{\int P(x)\mathrm{d}x},$$
两边积分，得
$$C(x) = \int Q(x)\mathrm{e}^{\int P(x)\mathrm{d}x}\mathrm{d}x + C.$$

因此，一阶非齐次线性微分方程 $y' + P(x)y = Q(x)$ 的通解为
$$y = \mathrm{e}^{-\int P(x)\mathrm{d}x}\left[\int Q(x)\mathrm{e}^{\int P(x)\mathrm{d}x}\mathrm{d}x + C\right]. \tag{6.2.9}$$

将（6.2.9）式改写成两项之和
$$y = C\mathrm{e}^{-\int P(x)\mathrm{d}x} + \mathrm{e}^{-\int P(x)\mathrm{d}x}\int Q(x)\mathrm{e}^{\int P(x)\mathrm{d}x}\mathrm{d}x,$$
上式右端第一项是对应的齐次线性微分方程（6.2.5）的通解，第二项是非齐次线性微分方程（6.2.6）的一个特解[在通解式（6.2.9）中取 $C=0$ 便得到这个特解]. 由此可知，一阶非齐次线性微分方程的通解等于对应的齐次线性微分方程的通解与非齐次方程的一个特解之和.

例 6.2.6　求微分方程 $y' + \frac{1}{x}y = \frac{\sin x}{x}$ 的通解.

解　此方程为一阶线性非齐次微分方程，其中
$$P(x) = \frac{1}{x},\ Q(x) = \frac{\sin x}{x}.$$
由公式（6.2.9）有

$$y=\mathrm{e}^{-\int\frac{1}{x}\mathrm{d}x}\left[\int\frac{\sin x}{x}\mathrm{e}^{\int\frac{1}{x}\mathrm{d}x}\mathrm{d}x+C\right]$$

$$=\frac{1}{|x|}\left[\int\frac{\sin x}{x}|x|\mathrm{d}x+C\right].$$

$x>0$时，原式$=\frac{1}{x}(-\cos x+C)=-\frac{\cos x}{x}+\frac{C}{x}$； $x<0$时，可类似得上式结论．所以该方程的通解为$y=-\frac{\cos x}{x}+\frac{C}{x}$．

例 6.2.7 求微分方程$(x+1)\frac{\mathrm{d}y}{\mathrm{d}x}-y=\mathrm{e}^{x}(x+1)^{2}$的通解．

解 原方程可化为

$$\frac{\mathrm{d}y}{\mathrm{d}x}-\frac{1}{x+1}y=\mathrm{e}^{x}(x+1),$$

则

$$P(x)=-\frac{1}{x+1},\ Q(x)=\mathrm{e}^{x}(x+1).$$

由公式（6.2.9）得

$$y=\mathrm{e}^{-\int-\frac{1}{x+1}\mathrm{d}x}\left[\int\mathrm{e}^{x}(x+1)\mathrm{e}^{-\int\frac{1}{x+1}\mathrm{d}x}\mathrm{d}x+C\right]$$

$$=|x+1|\left[\int\mathrm{e}^{x}\frac{x+1}{|x+1|}\mathrm{d}x+C\right].$$

$x>-1$时，原式$=(x+1)\left[\int\mathrm{e}^{x}\mathrm{d}x+C\right]=(x+1)(\mathrm{e}^{x}+C)$； $x<-1$时，可类似得上式结论．所以该方程的通解为$y=(x+1)(\mathrm{e}^{x}+C)$．

注意：类似$\mathrm{e}^{\int\frac{1}{x}\mathrm{d}x}=|x|$的计算，在$|x|\neq0$时，微分方程所得通解相同，因此在后面遇到同样类型题目时，可以不讨论x的范围，直接按照$x>0$情形进行计算．

例 6.2.8 求方程$\frac{\mathrm{d}y}{\mathrm{d}x}=\frac{1}{x+y}$的通解．

解 把x看作是y的函数，所给方程变形为

$$\frac{\mathrm{d}x}{\mathrm{d}y}=x+y,$$

令

$$P(y)=-1,\ Q(y)=y.$$

由公式（6.2.9），方程通解为

$$
\begin{aligned}
x &= e^{-\int P(y)dy}\left[\int Q(y)e^{\int P(y)dy}dy + C\right] \\
&= e^{\int 1dy}\left[\int ye^{-\int 1dy}dy + C\right] \\
&= e^{y}\left[\int ye^{-y}dy + C\right] \\
&= e^{y}\left(-ye^{-y} - e^{-y} + C\right) \\
&= Ce^{y} - y - 1 .
\end{aligned}
$$

6.3　可降阶的二阶微分方程

对于二阶微分方程

$$y'' = f(x, y, y'),$$

在有些情况下，我们可以通过适当的变量代换，把它们化成一阶微分方程来求解，具有这种性质的方程称为**可降阶的微分方程**，相应的求解方法称为**降阶法**．本节介绍三种可降阶的微分方程及其解法．

6.3.1　$y'' = f(x)$ 型微分方程

微分方程

$$y'' = f(x) \tag{6.3.1}$$

的右端仅含自变量 x，只要把 y' 看作新的未知函数，那么（6.3.1）式可写成

$$(y')' = f(x). \tag{6.3.2}$$

它就可看作新未知函数 y' 的一阶微分方程，对式（6.3.2）等号两边积分，得

$$y' = \int f(x)dx + C_1 .$$

对上式两边再积分一次，得方程（6.3.1）的通解

$$y = \int\left[\int f(x)dx\right]dx + C_1 x + C_2 ,$$

其中 C_1, C_2 为任意常数．

例 6.3.1　求微分方程 $y'' = e^{2x} - \sin\dfrac{x}{3}$ 的通解．

解　对原方程等号两边连续进行两次积分，得

$$y' = \frac{1}{2}e^{2x} + 3\cos\frac{x}{3} + C_1 ,$$

$$y = \frac{1}{4}e^{2x} + 9\sin\frac{x}{3} + C_1 x + C_2 ,$$

这就是所求方程的通解.

例 6.3.2 试求 $y''=x$ 的经过点 $M(0,1)$ 且在此点与直线 $y=\frac{x}{3}+1$ 相切的积分曲线.

解 该几何问题可归结为如下微分方程的初值问题

$$y''=x,\ y\big|_{x=0}=1,\ y'\big|_{x=0}=\frac{1}{3}.$$

对方程 $y''=x$ 两边积分，得

$$y'=\frac{1}{2}x^2+C_1.$$

由条件 $y'\big|_{x=0}=\frac{1}{3}$，得 $C_1=\frac{1}{3}$. 从而

$$y'=\frac{1}{2}x^2+\frac{1}{3}.$$

对上式两边再积分一次，得

$$y=\frac{1}{6}x^3+\frac{1}{3}x+C_2.$$

由条件 $y\big|_{x=0}=1$，得 $C_2=1$，故所求曲线为

$$y=\frac{x^3}{6}+\frac{x}{3}+1.$$

推广 $y^{(n)}=f(x)$ 型的微分方程

只需将 $y^{(n-1)}$ 作为新的未知函数，那么 $y^{(n)}=f(x)$ 等价于 $\left(y^{(n-1)}\right)'=f(x)$，而成为新未知函数的一阶微分方程. 两边积分，就得到一个 $n-1$ 阶的微分方程 $y^{(n-1)}=\int f(x)\mathrm{d}x+C_1$，同理可得

$$y^{(n-2)}=\int\left[\int f(x)\mathrm{d}x+C_1\right]\mathrm{d}x+C_2.$$

依次积分 n 次，便得到方程 $y^{(n)}=f(x)$ 的含有 n 个任意常数的通解.

6.3.2 $y''=f(x,y')$ 型微分方程

微分方程

$$y''=f(x,y') \tag{6.3.3}$$

的右端不显含未知函数 y，如果设 $y'=p$，那么

$$y''=\frac{\mathrm{d}p}{\mathrm{d}x}=p',$$

从而方程（6.3.3）就成为

$$p' = f(x, p).$$

这是一个关于变量 x，p 的一阶微分方程，若求得它的通解为

$$p = \varphi(x, C_1),$$

又因 $p = \dfrac{\mathrm{d}y}{\mathrm{d}x}$，因此又得到一个一阶微分方程

$$\frac{\mathrm{d}y}{\mathrm{d}x} = \varphi(x, C_1).$$

对上式两边进行积分，便得到方程（6.3.3）的通解为

$$y = \int \varphi(x, C_1)\mathrm{d}x + C_2.$$

例 6.3.3　求微分方程 $y'' = \dfrac{1}{x}y' + x\mathrm{e}^x$ 的通解.

解　所给微分方程是 $y'' = f(x, y')$ 型. 设 $y' = p$，则 $y'' = p'$，带入原方程得

$$p' - \frac{1}{x}p = x\mathrm{e}^x,$$

这是关于 p 的一阶线性微分方程. 根据公式（6.2.9）有

$$\begin{aligned} p &= \mathrm{e}^{\int \frac{1}{x}\mathrm{d}x}\left(\int x\mathrm{e}^x \mathrm{e}^{-\int \frac{1}{x}\mathrm{d}x}\mathrm{d}x + C_0\right) \\ &= x\left(\int \mathrm{e}^x \mathrm{d}x + C_0\right) \\ &= x\left(\mathrm{e}^x + C_0\right), \end{aligned}$$

即

$$y' = x\left(\mathrm{e}^x + C_0\right),$$

对上式两边进行积分，得

$$\begin{aligned} y &= \int x\left(\mathrm{e}^x + C_0\right)\mathrm{d}x + C_2 = (x-1)\mathrm{e}^x + \frac{C_0}{2}x^2 + C_2 \\ &= (x-1)\mathrm{e}^x + C_1x^2 + C_2 \quad \left(C_1 = \frac{C_0}{2}\right), \end{aligned}$$

这就是所求方程的通解.

例 6.3.4　求微分方程 $(1+x^2)y'' = 2xy'$ 满足初始条件 $y|_{x=0} = 1$，$y'|_{x=0} = 2$ 的特解.

解　所给微分方程是 $y'' = f(x, y')$ 型. 设 $y' = p$，代入方程并分离变量后，得

$$\frac{\mathrm{d}p}{p} = \frac{2x}{1+x^2}\mathrm{d}x.$$

两边积分，得

$$\ln|p| = \ln(1+x^2) + C,$$

即 $$y' = p = C_1(1+x^2) \quad (C_1 = \pm e^C).$$

由条件 $y'|_{x=0} = 2$，得

$$C_1 = 2,$$

故 $$y' = 2(1+x^2).$$

将上式两边积分，得 $$y = \frac{2}{3}x^3 + 2x + C_2,$$

又由条件 $y|_{x=0} = 1$，得

$$C_2 = 1.$$

于是所求特解为 $$y = \frac{2}{3}x^3 + 2x + 1.$$

*6.3.3 $y'' = f(y, y')$ 型的微分方程

微分方程

$$y'' = f(y, y') \tag{6.3.4}$$

的特点是不显含自变量 x. 为了求其解，令 $y' = p$，利用复合函数的求导法则，把 y'' 化为对 y 的导数，即

$$y'' = \frac{dp}{dx} = \frac{dp}{dy}\frac{dy}{dx} = p\frac{dp}{dy}.$$

故原方程（6.3.4）化为

$$p\frac{dp}{dy} = f(y, p),$$

这是一个关于 y，p 的一阶微分方程. 则求出它的通解为

$$y' = p = \varphi(y, C_1),$$

对上式分离变量并两边进行积分，得原方程（6.3.4）的通解为

$$\int \frac{dy}{\varphi(y, C_1)} = x + C_2.$$

例 6.3.5 求方程 $yy'' - (y')^2 = 0$ 的通解.

解 所给方程不显含自变量 x，设 $y' = p$，于是 $y'' = p\frac{dp}{dy}$，代入所给方程，得

$$yp\frac{dp}{dy} - p^2 = 0.$$

若 $y \neq 0$，$p \neq 0$ 时，约去 p 并分离变量，得

$$\frac{dp}{p} = \frac{dy}{y},$$

两边积分，得

$$\ln|p| = \ln|y| + C_1',$$

即

$$y' = p = C_1 y \quad (C_1 = \pm e^{C_1'}).$$

这是齐次线性方程，解得原方程的通解为

$$y = C_2 e^{C_1 x}.$$

从以上求解过程中看到，应该 $C_1 \neq 0$，$C_2 \neq 0$，但由于 y 等于常数也是方程的解，所以事实上，C_1, C_2 不必有非零的限制.

6.4　二阶常系数线性微分方程

在实际中应用较多的一类高阶微分方程是**二阶常系数线性微分方程**，它的一般形式是

$$y'' + py' + qy = f(x), \tag{6.4.1}$$

其中，p, q 为实常数；$f(x)$ 为 x 的已知函数. 当方程右端 $f(x) \equiv 0$ 时，方程称为**齐次的**；当 $f(x) \neq 0$ 时，方程称为**非齐次的**.

二阶常系数齐次线性微分方程

6.4.1　二阶常系数齐次线性微分方程

先讨论二阶常系数齐次线性微分方程

$$y'' + py' + qy = 0, \tag{6.4.2}$$

其中 p, q 为常数.

一般情况，对于给定微分方程，我们的主要目的是找到其通解. 为了求二阶常系数齐次线性微分方程（6.4.2）的通解，下面首先介绍有关其解的结论.

定理 6.4.1　如果函数 $y_1(x)$ 与 $y_2(x)$ 是方程（6.4.2）的两个解，那么

$$y = C_1 y_1(x) + C_2 y_2(x) \tag{6.4.3}$$

也是方程（6.4.2）的解，其中 C_1，C_2 是任意常数.

从其形式上看，解（6.4.3）含有两个任意常数，但它不一定是 $y'' + py' + qy = 0$ 的通解. 例如，设 $y_1(x)$ 是 $y'' + py' + qy = 0$ 的一个解，易验证 $y_2(x) = 2y_1(x)$ 也是 $y'' + py' + qy = 0$ 的一个解. 这时 $y = C_1 y_1(x) + 2C_2 y_1(x)$ 可写成 $y = Cy_1(x)$，其中 $C = C_1 + 2C_2$，这显然不是 $y'' + py' + qy = 0$ 的通解. 那么，在什么样的情况下 $y = C_1 y_1(x) + C_2 y_2(x)$ 才是 $y'' + py' + qy = 0$ 的通解呢？需满足如下定理：

定理 6.4.2　如果函数 $y_1(x)$，$y_2(x)$ 是方程（6.4.2）的两个特解，且 $\dfrac{y_2(x)}{y_1(x)}$ 不为常数，则 $y = C_1 y_1(x) + C_2 y_2(x)$（其中 C_1，C_2 是任意常数）是方程（6.4.2）的通解.

一般地，对于任意两个函数 $y_1(x)$，$y_2(x)$，若它们的比为常数，则称它们是**线性相关**的，否则称它们是**线性无关**的.

例如，方程 $y''-y=0$ 是二阶常系数齐次线性微分方程，不难验证 $y_1=\mathrm{e}^x$ 与 $y_2=\mathrm{e}^{-x}$ 是所给方程的两个特解，且 $\dfrac{y_2(x)}{y_1(x)}=\dfrac{\mathrm{e}^{-x}}{\mathrm{e}^x}=\mathrm{e}^{-2x}\neq$ 常数，即它们是两个线性无关的特解，因此方程 $y''-y=0$ 的通解为

$$y=C_1\mathrm{e}^x+C_2\mathrm{e}^{-x}\ （C_1,\ C_2 \text{是任意常数}）.$$

因此求方程（6.4.2）的通解，归结为如何求它的两个线性无关的特解. 由于方程（6.4.2）的左端是关于 y''，y' 和 y 的线性关系式，且系数都为常数，而当 r 为常数时，指数函数 e^{rx} 和它的各阶导数都只差一个常数因子，因此我们用 $y=\mathrm{e}^{rx}$ 来尝试，看能否取到适当的常数 r，使 $y=\mathrm{e}^{rx}$ 满足方程（6.4.2）.

对 $y=\mathrm{e}^{rx}$ 求导，得

$$y'=r\mathrm{e}^{rx},\ y''=r^2\mathrm{e}^{rx},$$

把 y, y' 和 y'' 代入方程（6.4.2），得

$$\left(r^2+pr+q\right)\mathrm{e}^{rx}=0,$$

由于 $\mathrm{e}^{rx}\neq 0$，所以

$$r^2+pr+q=0. \tag{6.4.4}$$

由此可见，只要 r 是代数方程（6.4.4）的根，函数 $y=\mathrm{e}^{rx}$ 就是微分方程（6.4.2）的解，我们把代数方程（6.4.4）称为微分方程（6.4.2）的**特征方程**.

特征方程是一个一元二次代数方程，其中 r^2, r 的系数及常数项恰好依次是微分方程（6.4.2）中 y'', y' 和 y 的系数.

特征方程（6.4.2）的两个根 r_1，r_2 可用公式

$$r_{1,2}=\frac{-p\pm\sqrt{p^2-4q}}{2}$$

求出，它们有三种不同情形，分别对应着微分方程（6.4.2）通解的三种不同情形，分别叙述如下：

（1）若 $p^2-4q>0$，则特征方程有两个不相等的实根 r_1, r_2（$r_1\neq r_2$）. 这时 $y_1=\mathrm{e}^{r_1x}$，$y_2=\mathrm{e}^{r_2x}$ 是微分方程（6.4.2）的两个特解，且 $\dfrac{y_2}{y_1}=\dfrac{\mathrm{e}^{r_2x}}{\mathrm{e}^{r_1x}}=\mathrm{e}^{(r_2-r_1)x}$ 不是常数. 因此，微分方程（6.4.2）的通解为

$$y=C_1\mathrm{e}^{r_1x}+C_2\mathrm{e}^{r_2x}.$$

（2）若 $p^2-4q=0$，则特征方程有两个相等的实根 r_1，r_2，且

$$r_1 = r_2 = -\frac{p}{2}.$$

此时，只得到微分方程（6.4.2）的一个解

$$y_1 = e^{r_1 x}.$$

为了得到微分方程（6.4.2）的通解，还需求出另一个解 y_2，且要求 $\frac{y_2}{y_1}$ 不是常数．设 $\frac{y_2}{y_1} = u(x)$，$u(x)$ 是 x 的待定函数，于是

$$y_2 = u(x) y_1 = e^{r_1 x} u(x).$$

下面来确定 $u(x)$．将 y_2 求导，得

$$y_2' = e^{r_1 x}(u' + r_1 u),$$

$$y_2'' = e^{r_1 x}(u'' + 2r_1 u' + r_1^2 u),$$

将 y_2，y_2'，y_2'' 代入微分方程（6.4.2），得

$$e^{r_1 x}\left[(u'' + 2r_1 u' + r_1^2 u) + p(u' + r_1 u) + qu\right] = 0,$$

约去 $e^{r_1 x}$，并以 u''，u'，u 为准合并同类项，得

$$u'' + (2r_1 + p)u' + (r_1^2 + pr_1 + q)u = 0.$$

由于 r_1 是特征方程的二重根，因此 $r_1^2 + pr_1 + q = 0$，且 $2r_1 + p = 0$，于是得 $u'' = 0$．这说明所设特解 y_2 中的函数 $u(x)$ 不能为常数且要满足 $u''(x) = 0$．显然 $u = x$ 是可取函数中最简单的一个，由此得微分方程（6.4.2）的另一个解

$$y_2 = xe^{r_1 x}.$$

从而微分方程（6.4.2）的通解为

$$y = C_1 e^{r_1 x} + C_2 x e^{r_1 x} = (C_1 + C_2 x) e^{r_1 x}.$$

（3）若 $p^2 - 4q < 0$，则特征方程有一对共轭复根

$$r_1 = \alpha + \beta i,\ r_2 = \alpha - \beta i,$$

其中，$\alpha = -\frac{p}{2}$；$\beta = \frac{\sqrt{4q - p^2}}{2}$．

这时，$y_1 = e^{(\alpha + i\beta)x}$，$y_2 = e^{(\alpha - i\beta)x}$ 是微分方程（6.4.2）的两个解，但它们是复值函数形式．为了得到实值函数形式，先利用**欧拉公式** $e^{i\theta} = \cos\theta + i\sin\theta$ 把 y_1，y_2 改写为

$$y_1 = e^{(\alpha + i\beta)x} = e^{\alpha x} e^{i\beta x} = e^{\alpha x}(\cos\beta x + i\sin\beta x),$$

$$y_2 = e^{(\alpha - i\beta)x} = e^{\alpha x} e^{-i\beta x} = e^{\alpha x}(\cos\beta x - i\sin\beta x).$$

由于复值函数 y_1 与 y_2 之间成共轭关系，因此得实值函数

$$\overline{y}_1=\frac{1}{2}(y_1+y_2)=e^{\alpha x}\cos\beta x\,,\quad \overline{y}_2=\frac{1}{2i}(y_1-y_2)=e^{\alpha x}\sin\beta x\,.$$

根据定理 6.4.1，实值函数 $\overline{y}_1$, $\overline{y}_2$ 是微分方程（6.4.2）的解，且

$$\frac{\overline{y}_1}{\overline{y}_2}=\frac{e^{\alpha x}\cos\beta x}{e^{\alpha x}\sin\beta x}=\cot\beta x\neq \text{常数},$$

故微分方程（6.4.2）的通解为

$$y=e^{\alpha x}(C_1\cos\beta x+C_2\sin\beta x)\,.$$

综上所述，求二阶常系数齐次线性微分方程

$$y''+py'+qy=0$$

通解的步骤如下：

1）写出微分方程（6.4.2）的特征方程

$$r^2+pr+q=0\,;$$

2）求特征方程（6.4.4）的两个根 r_1，r_2；

3）根据特征方程（6.4.4）的两个根的不同情形，按照如下表格写出微分方程（6.4.2）的通解.

特征方程 $r^2+pr+q=0$ 的两个根 r_1, r_2	微分方程 $y''+py'+qy=0$ 的通解
两个不相等的实根 r_1, r_2	$y=C_1e^{r_1x}+C_2e^{r_2x}$
两个相等的实根 $r_1=r_2=r$	$y=(C_1+C_2x)e^{rx}$
一对共轭的复根 $r_{1,2}=\alpha\pm\beta i$	$y=e^{\alpha x}(C_1\cos\beta x+C_2\sin\beta x)$

例 6.4.1 求微分方程 $y''-2y'-8y=0$ 的通解.

解 特征方程为

$$r^2-2r-8=(r-4)(r+2)=0\,,$$

其根为 $r_1=4$，$r_2=-2$，因此所求微分方程的通解为

$$y=C_1e^{4x}+C_2e^{-2x}\,.$$

例 6.4.2 求方程 $\frac{d^2S}{dt^2}+2\frac{dS}{dt}+S=0$ 满足初始条件 $S|_{t=0}=4$，$S'|_{t=0}=-2$ 的特解.

解 特征方程为

$$r^2+2r+1=(r+1)^2=0\,,$$

其根为 $r_1=r_2=-1$，因此所求微分方程的通解为

$$S=(C_1+C_2t)e^{-t}\,.$$

将条件 $S\big|_{t=0}=4$ 代入上述通解，得 $C_1=4$，从而

$$S=\left(4+C_2t\right)\mathrm{e}^{-t}.$$

将上式对 t 求导数，得 $S'=\left(C_2-4-C_2t\right)\mathrm{e}^{-t}$．再把条件 $S'\big|_{t=0}=-2$ 代入导数中，得 $C_2=2$．故所求特解为

$$S=\left(4+2t\right)\mathrm{e}^{-t}.$$

例 6.4.3　求微分方程 $y''+6y'+25y=0$ 的通解.

解　特征方程为

$$r^2+6r+25=0,$$

其根为 $r_{1,2}=\dfrac{-6\pm\sqrt{36-100}}{2}=-3\pm4i$，因此所求微分方程的通解为

$$y=\mathrm{e}^{-3x}\left(C_1\cos4x+C_2\sin4x\right).$$

二阶常系数非齐次线性微分方程

6.4.2　二阶常系数非齐次线性微分方程

下面，我们讨论二阶常系数非齐次线性微分方程（6.4.1）的解法．为此，先介绍方程（6.4.1）解的结构定理.

定理 6.4.3　设 y^* 是二阶常系数非齐次线性微分方程（6.4.1）的特解，而 $Y(x)$ 是与（6.4.1）对应的齐次方程（6.4.2）的通解，那么

$$y=Y\left(x\right)+y^*\left(x\right)\tag{6.4.5}$$

是二阶常系数非齐次线性微分方程（6.4.1）的通解.

证明　把（6.4.5）代入方程（6.4.1）的左端，得

$$\begin{aligned}&\left(Y''+y^{*''}\right)+p\left(Y'+y^{*'}\right)+q\left(Y+y^*\right)\\&=\left(Y''+pY'+qY\right)+\left(y^{*''}+py^{*'}+qy^*\right)\\&=0+f\left(x\right)=f\left(x\right).\end{aligned}$$

由于对应的齐次方程（6.4.2）的通解 $Y=C_1y_1+C_2y_2$ 中含有两个独立任意常数，所以 $y=Y+y^*$ 中也含有两个独立任意常数，从而它就是二阶常系数非齐次线性微分方程（6.4.1）的通解.

例如，方程 $y''+y=x^2$ 是二阶常系数非齐次线性微分方程，可求得对应的齐次方程 $y''+y=0$ 的通解为 $y=C_1\cos x+C_2\sin x$；又容易验证 $y^*=x^2-2$ 是所给非齐次方程的一个特解．因此

$$y=Y+y^*=C_1\cos x+C_2\sin x+x^2-2$$

是所给非齐次方程的通解.

由定理 6.4.3 知，求二阶常系数非齐次线性微分方程

$$y''+py'+qy=f(x)$$

通解的步骤如下：

（1）求出对应的齐次方程 $y''+py'+qy=0$ 的通解 Y；

（2）求出非齐次方程 $y''+py'+qy=f(x)$ 的一个特解 y^*；

（3）所求方程的通解为

$$y=Y+y^*.$$

而齐次方程（6.4.2）通解的求法已在前面给出，故关键是如何求非齐次方程（6.4.1）的一个特解 y^*. 对此我们不作一般讨论，仅对一种常见类型的 $f(x)$ 进行介绍，并省略相关证明. 下面给出用待定系数法求特解的方法.

结论 6.4.1 若 $f(x)=P_m(x)\mathrm{e}^{\lambda x}$，其中 $P_m(x)$ 是 x 的 m 次多项式，λ 为常数（显然，若 $\lambda=0$，则 $f(x)=P_m(x)$），则二阶常系数非齐次线性微分方程（6.4.1）具有形如

$$y^*=x^kQ_m(x)\mathrm{e}^{\lambda x} \tag{6.4.6}$$

的特解，其中 $Q_m(x)$ 是与 $P_m(x)$ 同次的多项式，而 k 的取值根据以下情况确定：

（1）若 λ 不是特征方程的根，则 $k=0$；

（2）若 λ 是特征方程的单根，则 $k=1$；

（3）若 λ 是特征方程的重根，则 $k=2$.

例 6.4.4 求微分方程 $y''-2y'-3y=2x+1$ 的通解.

解 所给方程是二阶常系数非齐次线性微分方程，且函数 $f(x)$ 是 $P_m(x)\mathrm{e}^{\lambda x}$ 型（其中 $P_m(x)=2x+1$，$\lambda=0$）.

对应的齐次方程为

$$y''-2y'-3y=0,$$

它的特征方程为

$$r^2-2r-3=0,$$

其两个实根分别为 $r_1=3$，$r_2=-1$，于是对应的齐次方程的通解为

$$Y=C_1\mathrm{e}^{3x}+C_2\mathrm{e}^{-x}.$$

由于 $\lambda=0$ 不是特征方程的根，所以由公式（6.4.6），应设非齐次方程的一个特解为

$$y^*=b_0x+b_1.$$

代入原方程，得

$$-3b_0x-(2b_0+3b_1)=2x+1.$$

比较上式两边 x 同次幂的系数，得

$$\begin{cases}-3b_0=2,\\-2b_0-3b_1=1,\end{cases}$$

解得 $b_0=-\dfrac{2}{3}$，$b_1=\dfrac{1}{9}$，于是非齐次方程的一个特解为

$$y^*=-\frac{2}{3}x+\frac{1}{9}.$$

因此非齐次方程的通解为

$$y=Y+y^*=C_1\mathrm{e}^{3x}+C_2\mathrm{e}^{-x}-\frac{2}{3}x+\frac{1}{9}.$$

例 6.4.5　求微分方程 $y''-5y'+6y=x\mathrm{e}^{2x}$ 的通解.

解　所给方程是二阶常系数非齐次线性微分方程，且函数 $f(x)$ 是 $P_m(x)\mathrm{e}^{\lambda x}$ 型（其中 $P_m(x)=x$，$\lambda=2$），对应的齐次方程为

$$y''-5y'+6y=0,$$

其特征方程为

$$r^2-5r+6=0,$$

该方程有两个不等实根 $r_1=2$，$r_2=3$，故对应的齐次方程的通解为

$$Y=C_1\mathrm{e}^{2x}+C_2\mathrm{e}^{3x}.$$

由于 $\lambda=2$ 是特征方程的单根，所以由公式（6.4.6），应设原方程的一个特解为

$$y^*=x(b_0x+b_1)\mathrm{e}^{2x}.$$

代入原方程，得

$$-2b_0x+2b_0-b_1=x.$$

比较上式两边 x 同次幂的系数，得

$$\begin{cases}-2b_0=1,\\2b_0-b_1=0,\end{cases}$$

解得 $b_0=-\dfrac{1}{2}$，$b_1=-1$，因此原方程的一个特解为

$$y^*=x\left(-\frac{1}{2}x-1\right)\mathrm{e}^{2x}.$$

故原方程的通解为

$$y=Y+y^*=C_1\mathrm{e}^{2x}+C_2\mathrm{e}^{3x}-\frac{1}{2}\left(x^2+2x\right)\mathrm{e}^{2x}.$$

***定理 6.4.4**　设二阶常系数非齐次线性微分方程（6.4.1）的右端 $f(x)$ 是几个函数之和，如

$$y''+py'+qy=f_1(x)+f_2(x), \tag{6.4.7}$$

而 y_1^* 与 y_2^* 分别是方程

$$y''+py'+qy=f_1(x)$$

与

$$y''+py'+qy=f_2(x)$$

的特解，则 $y_1^*+y_2^*$ 就是原非齐次方程（6.4.7）的特解.

证明 将 $y=y_1^*+y_2^*$ 代入方程（6.4.7）的左端，得

$$\begin{aligned}&\left(y_1^*+y_2^*\right)''+p\left(y_1^*+y_2^*\right)'+q\left(y_1^*+y_2^*\right)\\&=\left(y_1^{*}{}''+py_1^{*}{}'+qy_1^*\right)+\left(y_2^{*}{}''+py_2^{*}{}'+qy_2^*\right)\\&=f_1(x)+f_2(x).\end{aligned}$$

因此 $y_1^*+y_2^*$ 是方程（6.4.7）的一个特解.

这一定理通常称为非齐次线性微分方程解的**叠加原理**.

***例 6.4.6** 求微分方程 $y''+4y'+3y=(x-2)+e^{2x}$ 的一个特解.

解 可求得 $y''+4y'+3y=x-2$ 的一个特解为

$$y_1^*=\frac{1}{3}x-\frac{10}{9},$$

而 $y''+4y'+3y=e^{2x}$ 的一个特解为

$$y_2^*=\frac{1}{15}e^{2x}.$$

上述求解过程请读者自行完成.

于是，由定理 6.4.4 可知，原方程的一个特解为

$$y^*=\left(\frac{1}{3}x-\frac{10}{9}\right)+\frac{1}{15}e^{2x}.$$

6.5 差分方程

前面几节介绍了几类微分方程以及其解法. 微分方程研究的变量是在某区间连续取值，而在经济管理问题中，经济变量的数据大多是以等时间间隔周期进行统计的. 例如，国内生产总值（GDP）、消费水平、投资水平等按年、季度统计，产品的产量、成本、收益、利润等按月、周统计. 基于此，在研究分析实际经济管理问题时，各有关经济变量的取值是随时间离散变化的，因此描述各经济变量之间变化规律的数学模型是离散型数学模型.

本节对常见的一类离散型数学模型——差分方程，进行简要介绍.

6.5.1　差分的概念

设函数 $y=f(x)$，当自变量 x 依次取遍非负整数时，相应的函数值可以排成一个数列

$$f(0),f(1),\cdots,f(x),f(x+1),\cdots,$$

将之简记为

$$y_0,y_1,\cdots,y_x,y_{x+1},\cdots.$$

当自变量从 x 变到 $x+1$ 时，函数的增量 $y_{x+1}-y_x$ 称为函数 y 在点 x 的**差分**，也称为**一阶差分**，记为 Δy_x，即

$$\Delta y_x=y_{x+1}-y_x\quad(x=0,1,2,\cdots).\tag{6.5.1}$$

例 6.5.1　已知 $y_x=C$（C 为常数），求 Δy_x.

解
$$\Delta y_x=y_{x+1}-y_x=C-C=0,$$
所以常数的差分为 0.

例 6.5.2　（1）设 $y_x=kx$（$k\neq 0$ 的常数），求 Δy_x；

（2）设 $y_x=x^2$，求 Δy_x.

解　（1）$\Delta y_x=y_{x+1}-y_x=k(x+1)-kx=k$.

（2）$\Delta y_x=y_{x+1}-y_x=(x+1)^2-x^2=2x+1$.

例 6.5.3　设 $y_x=a^{kx}$（其中 $k\neq 0$ 且为常数，$a>0$ 且 $a\neq 1$），求 Δy_x.

解
$$\Delta y_x=y_{x+1}-y_x=a^{k(x+1)}-a^{kx}=a^{kx}\left(a^k-1\right).$$
可见，指数函数的差分等于指数函数乘上一个常数，例如
$$\Delta\left(\mathrm{e}^{2x}\right)_x=\mathrm{e}^{2x}\left(\mathrm{e}^2-1\right).$$

由一阶差分的定义，容易得到和导数类似的差分的四则运算法则：

（1）$\Delta(Cy_x)=C\Delta y_x$；

（2）$\Delta(y_x\pm z_x)=\Delta y_x\pm\Delta z_x$；

（3）$\Delta(y_x\cdot z_x)=y_{x+1}\Delta z_x+z_x\Delta y_x=y_x\Delta z_x+z_{x+1}\Delta y_x$；

（4）$\Delta\left(\dfrac{y_x}{z_x}\right)=\dfrac{z_x\cdot\Delta y_x-y_x\cdot\Delta z_x}{z_x\cdot z_{x+1}}=\dfrac{z_{x+1}\cdot\Delta y_x-y_{x+1}\cdot\Delta z_x}{z_x\cdot z_{x+1}}$.

这里只给出（3）式的证明：

$$\begin{aligned}\Delta(y_x\cdot z_x)&=y_{x+1}z_{x+1}-y_xz_x\\&=y_{x+1}z_{x+1}-y_{x+1}z_x+y_{x+1}z_x-y_xz_x\\&=y_{x+1}(z_{x+1}-z_x)+z_x(y_{x+1}-y_x)\\&=y_{x+1}\cdot\Delta z_x+z_x\cdot\Delta y_x.\end{aligned}$$

类似可证 $\Delta(y_x\cdot z_x)=y_x\Delta z_x+z_{x+1}\Delta y_x$.

例 6.5.4 设 $y_x=xe^x+x^2-2x+3$，求 Δy_x .

解 利用差分的运算法则得

$$\begin{aligned}\Delta y_x&=\Delta\left(xe^x+x^2-2x+3\right)=\Delta\left(xe^x\right)+\Delta\left(x^2\right)-2\Delta x+\Delta(3)\\&=\left[x\left(e^{x+1}-e^x\right)+e^{x+1}\times 1\right]+(2x+1)-2\times 1+0\\&=e^x\left[(e-1)x+e\right]+2x-1 .\end{aligned}$$

由于 y_x 的一阶差分 Δy_x 还是一个函数，一阶差分的差分称为**二阶差分**，记为 $\Delta^2 y_x$，有

$$\begin{aligned}\Delta^2 y_x&=\Delta(\Delta y_x)=\Delta(y_{x+1}-y_x)=(y_{x+2}-y_{x+1})-(y_{x+1}-y_x)\\&=y_{x+2}-2y_{x+1}+y_x .\end{aligned}$$

同样，二阶差分的差分称为**三阶差分**，记为 $\Delta^3 y_x$，即

$$\Delta^3 y_x=y_{x+3}-3y_{x+2}+3y_{x+1}-y_x .$$

依次类推，可以定义 n **阶差分** $\Delta^n y_x=\Delta\left(\Delta^{n-1}y_x\right)$.

例 6.5.5 设 $y_x=ax^2+bx+c$，求 $\Delta^2 y_x$，$\Delta^3 y_x$.

解 先求一阶差分

$$\Delta y_x=\Delta\left(ax^2+bx+c\right)=a\Delta\left(x^2\right)+b\Delta x+\Delta(c)=2ax+a+b ,$$

故有

$$\Delta^2 y_x=\Delta(2ax+a+b)=2a ,$$

$$\Delta^3 y_x=\Delta(2a)=0 .$$

6.5.2 差分方程的概念

含有自变量、未知函数及其差分的方程称为**差分方程**. 如果方程中差分的最高阶数为 n（或未知函数下标的最大值与最小值之差为 n），则称为 n **阶差分方程**. 其一般形式为

$$F\left(x,y_x,\Delta y_x,\Delta^2 y_x,\cdots,\Delta^n y_x\right)=0 ,$$

或

$$G\left(x,y_x,y_{x-1},y_{x-2},\cdots,y_{x-n}\right)=0 ,$$

或

$$H\left(x,y_x,y_{x+1},y_{x+2},\cdots,y_{x+n}\right)=0 , \tag{6.5.2}$$

其中式（6.5.2）所示的形式较为常用.

例如

$$\Delta y_x+3y_x=x^2+2,\ 2y_{x+1}-3y_x=2x-3$$

都是一阶差分方程，而

$$y_{x+2}-3y_{x+1}+2y_x=x^2$$

是二阶差分方程.

如果一个函数代入差分方程后能使方程变成恒等式，则此函数称为**差分方程的解**；如果解中相互独立的任意常数的个数等于方程的阶数，这样的解称为**通解**；如果通解中的任意常数都已确定，这样的解称为**特解**；确定通解中任意常数的条件称为**初始条件**.

例如，函数 $y_x = C2^x - 1$（C 为任意常数）为一阶差分方程 $y_{x+1} - 2y_x = 1$ 的通解，其中满足初始条件 $y(0) = 1$ 的特解为 $y_x = 2^{x+1} - 1$.

6.5.3　一阶常系数线性差分方程

形如

$$y_{x+1} - ay_x = f(x)\ （a 为非零常数）\tag{6.5.3}$$

的差分方程称为**一阶常系数线性差分方程**；其中当 $f(x) \equiv 0$ 时称为**一阶常系数齐次线性差分方程**，当 $f(x) \neq 0$ 时称为**一阶常系数非齐次线性差分方程**.

1. 解的结构

定理 6.5.1　设 y_x^* 是一阶常系数非齐次线性差分方程（6.5.3）的一个特解，Y_x 是其对应的齐次差分方程的通解，则差分方程（6.5.3）的通解为 $y_x = Y_x + y_x^*$.

定理 6.5.2　设 y_1^*，y_2^* 分别是非齐次方程 $y_{x+1} - ay_x = f_1(x)$ 和 $y_{x+1} - ay_x = f_2(x)$ 的特解，则 $y^* = y^*_1 + y^*_2$ 是方程 $y_{x+1} - ay_x = f_1(x) + f_2(x)$ 的特解.

2. 齐次方程 $y_{x+1} - ay_x = 0$ 的求解

由于方程 $y_{x+1} - ay_x = 0$ 等同于 $\Delta y_x + (1-a)y_x = 0$，由例 6.5.3 知，指数函数的差分等于指数函数乘上一个常数，故 y_x 的形式一定为某个指数函数. 于是，设 $y_x = \lambda^x$（$\lambda \neq 0$），代入方程得

$$\lambda^{x+1} - a\lambda^x = 0,$$

即

$$\lambda - a = 0,$$

得 $\lambda = a$. 称该方程为齐次方程 $y_{x+1} - ay_x = 0$ 的特征方程，而 $\lambda = a$ 为特征方程的根（简称**特征根**）. 于是 $y_x = a^x$ 是齐次方程的一个解，从而

$$y_x = Ca^x\ （C 为任意常数）\tag{6.5.4}$$

是齐次方程的通解.

例 6.5.6　求 $2y_{x+1} + y_x = 0$ 的通解.

解　特征方程为

$$2\lambda + 1 = 0,$$

特征方程的根为$\lambda=-\dfrac{1}{2}$．于是原方程的通解为

$$y_x=C\left(-\frac{1}{2}\right)^x\ （C\text{ 为任意常数}）.$$

3．一阶常系数非齐次线性差分方程的求解

由定理 6.5.1 知，一阶常系数非齐次线性差分方程（6.5.3）的求解归结为求它的一个特解及对应的齐次方程的通解，（6.5.4）式给出了方程（6.5.3）所对应的齐次方程的通解．下面用待定系数法讨论特解y_x^*的求法．

若$f(x)=P_n(x)$，其中$P_n(x)$是x的n次多项式，则一阶常系数非齐次线性方程（6.5.3）具有形如

$$y_x^*=x^kQ_n(x)$$

的特解，其中$Q_n(x)$是与$P_n(x)$同次的待定多项式，而k的取值如下确定：

（1）若1不是特征方程的根，取$k=0$；

（2）若1是特征方程的根，取$k=1$．

例 6.5.7　求差分方程$y_{x+1}-3y_x=-2$的通解．

解　（1）求该方程对应的齐次方程

$$y_{x+1}-3y_x=0$$

的通解Y_x．

由于齐次方程的特征方程为$\lambda-3=0$，$\lambda=3$是该特征方程的根，故$Y_x=C3^x$是齐次方程的通解．

（2）求非齐次方程的一个特解y_x^*．

由于1不是特征方程的根，于是令$y_x^*=a$代入原方程为

$$a-3a=-2,$$

即$a=1$，从而$y_x^*=1$．

则原非齐次差分方程的通解为

$$y_x=Y_x+y_x^*=C3^x+1\ （C\text{ 为任意常数}）.$$

例 6.5.8　求差分方程$y_{x+1}-2y_x=3x^2$的通解．

解　（1）求该方程对应的齐次方程

$$y_{x+1}-2y_x=0$$

的通解Y_x．

由于齐次方程的特征方程为$\lambda-2=0$，得其根为$\lambda=2$，于是

$$Y_x=C2^x.$$

（2）求非齐次方程的一个特解y_x^*．

由于1不是特征方程的根，于是令 $y_x^* = b_0x^2 + b_1x + b_2$，代入原方程得

$$b_0(x+1)^2 + b_1(x+1) + b_2 - 2(b_0x^2 + b_1x + b_2) = 3x^2 .$$

比较两边同次幂的系数，得

$$b_0 = -3,\ b_1 = -6,\ b_2 = -9,$$

从而

$$y_x^* = -3x^2 - 6x - 9 .$$

则原非齐次差分方程的通解为

$$y_x = Y_x + y_x^* = C2^x - 3x^2 - 6x - 9 \text{（}C\text{ 为任意常数）}.$$

例 6.5.9　求差分方程 $y_{t+1} - y_t = t + 1$ 满足 $y_0 = 1$ 的特解.

解　（1）对应的齐次方程为 $y_{t+1} - y_t = 0$，其特征方程为 $\lambda - 1 = 0$，$\lambda = 1$ 是该特征方程的根，故 $Y_t = C$ 是齐次方程的通解.

（2）求原方程的一个特解 y_t^*.

由于1是特征方程的根，于是令 $y_t^* = t(b_0t + b_1) = b_0t^2 + b_1t$，代入原方程，得

$$b_0(t+1)^2 + b_1(t+1) - b_0t^2 - b_1t = t + 1,$$

比较两边同次幂的系数，得

$$b_0 = \frac{1}{2},\ b_1 = \frac{1}{2},$$

于是

$$y_t^* = \frac{1}{2}t^2 + \frac{1}{2}t .$$

则原非齐次差分方程的通解为

$$y_t = C + \frac{1}{2}t^2 + \frac{1}{2}t .$$

由 $y_0 = 1$，得 $C = 1$，故原方程满足初始条件的特解为

$$y_t = 1 + \frac{1}{2}t^2 + \frac{1}{2}t .$$

注意： 若 $f(x) = \mu^x P_n(x)$，其中 $P_n(x)$ 是 x 的 n 次多项式，这里 μ 为常数，$\mu \neq 0$ 且 $\mu \neq 1$．此时，只需作变换

$$y_x = \mu^x \cdot z_x,$$

则可得一阶常系数非齐次线性方程（6.5.3）的特解：

$$y_x^* = \mu^x \cdot z_x^* .$$

例 6.5.10　求差分方程 $y_{x+1} + y_x = x \cdot 2^x$ 的通解.

解　（1）求该方程所对应的齐次方程

$$y_{x+1} + y_x = 0$$

的通解 Y_x.

由于齐次方程的特征方程为 $\lambda+1=0$，$\lambda=-1$ 是该特征方程的根，故 $Y_x=C(-1)^x$ 是齐次方程的通解.

（2）求非齐次方程的一个特解 y_x^*. 令 $y_x=2^x\cdot z_x$，代入原方程化简得

$$2z_{x+1}+z_x=x.$$

不难求得它的一个特解为

$$z_x^*=\frac{1}{3}x-\frac{2}{9},$$

于是

$$y_x^*=2^x\left(\frac{1}{3}x-\frac{2}{9}\right).$$

则原非齐次差分方程的通解为

$$y_x=Y_x+y_x^*=C(-1)^x+2^x\left(\frac{1}{3}x-\frac{2}{9}\right)\text{（}C\text{ 为任意常数）}.$$

6.6 微分方程和差分方程的简单经济应用

为了研究经济变量之间的联系及其内在规律，常需要建立某一经济函数及其导数所满足的关系式，并由此确定所研究函数的形式，从而根据一些已知的条件来确定该函数的表达式. 从数学上讲，就是建立微分方程或差分方程并求解. 下面举例说明一阶微分方程和差分方程在经济学中的应用.

例 6.6.1 某商品的需求量 Q 对价格 P 的弹性为 $-P\ln 2$，若该商品的最大需求量为1200（即 $P=0$ 时，$Q=1200$. P 的单位为元，Q 的单位为 kg).

（1）试求需求量 Q 与价格 P 的函数关系；

（2）求当价格为1元时，市场对该商品的需求量；

（3）当 $P\to+\infty$ 时，需求量的变化趋势如何？

解 （1）由题目条件可知

$$\frac{P}{Q}\cdot\frac{\mathrm{d}Q}{\mathrm{d}P}=-P\ln 2,$$

即

$$\frac{\mathrm{d}Q}{\mathrm{d}P}=-Q\ln 2.$$

分离变量并积分，得

$$Q=C\mathrm{e}^{-P\ln 2}=C2^{-P}\text{（}C\text{ 为任意常数）}.$$

由 $Q|_{P=0}=1200$，得 $C=1200$，故 Q 与 P 之间的函数关系为

$$Q=1200\times 2^{-P}.$$

（2）当 $P=1$ 元时，$Q=1200\times 2^{-1}=600$（kg).

（3）显然 $P\to+\infty$ 时，$Q\to 0$，即随着价格的无限增大，需求量将趋于 0，其数学上的意义为：$Q=0$ 是所给方程的平衡解，且该平衡解是稳定的.

例 6.6.2　某林区实行封山养林，现有木材10 万立方米，如果在每一时刻 t 木材的变化率与当时木材数成正比. 假设10 年时该林区的木材量为 20 万立方米，若规定，该林区的木材量达到 40 万立方米时才能砍伐，问至少多少年后才能砍伐？

解　若时间 t 以年为单位，假设任一时刻 t 木材的量为 $P(t)$ 万立方米，由题意可知，

$$\frac{\mathrm{d}P}{\mathrm{d}t}=kP\quad（k \text{ 为比例系数}），$$

且 $P|_{t=0}=10$，$P|_{t=10}=20$.

分离变量，并两边积分得该方程的通解为

$$P=C\mathrm{e}^{kt}.$$

将 $t=0$ 时，$P=10$ 代入上式，得 $C=10$，故

$$P=10\mathrm{e}^{kt}.$$

再将 $t=10$ 时，$P=20$ 代入上式，得 $k=\dfrac{\ln 2}{10}$，于是

$$P=10\mathrm{e}^{\frac{\ln 2}{10}t}=10\cdot 2^{\frac{t}{10}}.$$

要使 $P=40$，则 $t=20$，故至少 20 年后才能砍伐.

例 6.6.3　某汽车公司在长期的运营中发现，每辆汽车的总维修成本 y 对汽车大修时间间隔 x 的变化率等于 $\dfrac{2y}{x}-\dfrac{81}{x^2}$，已知当大修时间间隔 $x=1$（年）时，总维修成本 $y=27.5$（百元）. 试求每辆汽车的总维修成本 y 与大修时间间隔 x 的函数关系，并问，每辆汽车多少年大修一次可使每辆汽车的总维修成本最低？

解　由题意可知

$$\frac{\mathrm{d}y}{\mathrm{d}x}=\frac{2y}{x}-\frac{81}{x^2},$$

这是一个一阶非齐次线性微分方程，解得

$$\begin{aligned}y&=\mathrm{e}^{\int\frac{2}{x}\mathrm{d}x}\left(-\int\frac{81}{x^2}\mathrm{e}^{-\int\frac{2}{x}\mathrm{d}x}\mathrm{d}x+C\right)\\&=x^2\left(\frac{27}{x^3}+C\right)=\frac{27}{x}+Cx^2.\end{aligned}$$

由 $y|_{x=1}=27.5$，可得 $C=\dfrac{1}{2}$. 因此得

$$y=\frac{27}{x}+\frac{1}{2}x^2.$$

由上式可得

$$y'=-\frac{27}{x^2}+x，y''=\frac{54}{x^3}+1.$$

令 $y'=0$，得 $x=3$，并有 $y''(3)>0$．因此，$x=3$ 是函数的极小值点，因而也是最小值点，即每辆汽车3年大修一次可使每辆汽车的总维修成本最低.

例 6.6.4 某商场的销售成本 y 与存贮费用 S 均是时间 t 的函数，随时间 t 的增长，销售成本的变化率等于存贮费用的倒数与常数5的和，而存贮费用的变化率为存贮费用的 $-\frac{1}{2}$ 倍．若当 $t=0$ 时，销售成本 $y=0$，存贮费用 $S=10$．试求存贮费用与时间 t 的函数关系及销售成本与时间 t 的函数关系.

解 由已知

$$\frac{dy}{dt}=\frac{1}{S}+5, \tag{6.6.1}$$

$$\frac{dS}{dt}=-\frac{1}{2}S. \tag{6.6.2}$$

解微分方程（6.6.2），得

$$S=Ce^{-\frac{t}{2}}.$$

由 $S|_{t=0}=10$，得 $C=10$，故存贮费用 S 与时间 t 的函数关系为

$$S=10e^{-\frac{t}{2}}.$$

将上式代入微分方程（6.6.1），得

$$\frac{dy}{dt}=\frac{1}{10}e^{\frac{t}{2}}+5.$$

上式两边积分，得

$$y=\frac{1}{5}e^{\frac{t}{2}}+5t+C_1.$$

由 $y|_{t=0}=0$，得 $C_1=-\frac{1}{5}$．从而销售成本与时间 t 的函数关系为

$$y=\frac{1}{5}e^{\frac{t}{2}}+5t-\frac{1}{5}.$$

***例 9.6.5（存款模型）** 设 S_t 为 t 年末存款总额，r 为年利率，设 $S_{t+1}=S_t+rS_t$，且初始存款为 S_0，求 t 年末的本利和.

解 由已知

$$S_{t+1}=S_t+rS_t,$$

即
$$S_{t+1}-(1+r)S_t=0.$$

这是一个一阶常系数齐次线性差分方程，其特征方程为

$$\lambda-(1+r)=0,$$

特征方程的根为
$$\lambda=1+r.$$

于是齐次方程的通解为

$$S_t=C(1+r)^t.$$

将初始条件 $S|_{t=0}=S_0$ 代入上式，得 $C=S_0$．因此，t 年末的本利和为

$$S_t=S_0(1+r)^t.$$

这就是一笔本金 S_0 存入银行后，年利率为 r，按年复利计息，t 年末的本利和.

6.7　数学拓展

6.7.1　数学建模

在许多实际问题中，直接导出变量之间的函数关系比较困难，但是导出包含未知函数的导数或微分的关系式较为容易，可以建立微分方程模型来研究此类问题．微分方程模型反映的是变量之间的间接关系，要得到直接关系，需要求解微分方程.

种群模型

1838 年，P.F.Verhulst 在增长阻抗概念的启发下，提出了著名的 Logistic 方程. 其主要思想是，在一确定的环境内考虑某一单种群．假定种群个体不区分大小，在环境内的分布是均匀的，且没有迁出和迁入发生，环境内资源的供给始终保持一常数，且对每一个体的分配是均等的．在这种假设下，当种群规模增大，即此种群的密度增大时，每个个体食物的平均分配量必然减少，从而种群规模的增长率将减小．假设种群规模的相对增长率 $\frac{1}{x}\cdot\frac{\mathrm{d}x}{\mathrm{d}t}$ 是种群规模 x 的线性减小函数；从而得

$$\frac{1}{x}\cdot\frac{\mathrm{d}x}{\mathrm{d}t}=r\left(1-\frac{x}{k}\right), \tag{6.7.1}$$

该方程称为 Logistic 方程．其中常数 $r>0$ 称为种群的内禀增长率，它是此种群个体的平均出生率与平均死亡率之差，反映了物种内在的特性；k（$k>0$）反映了资源丰富的程度.

Logistic 模型的解释如下：由于资源最多仅能维持 k 个个体，故每个个体平均

所需要的资源为总资源的$\frac{1}{k}$. 在t时刻$x(t)$个个体共消耗了总资源的$\frac{x(t)}{k}$，此时总资源剩余$1-\frac{x}{k}$. 因此，Logistic 方程表明：种群规模的相对增长率与当时所剩余的资源份量成正比. 这种种群密度对种群规模增长的抑制作用，称为**密度制约**.

式（6.7.1）分离变量后变为

$$\left(\frac{1}{x}+\frac{1}{k-x}\right)\mathrm{d}x = r\mathrm{d}t\ ,$$

积分得
$$\ln\left|\frac{x}{x-k}\right| = rt + C_1\ ,$$

解得
$$x = \frac{k}{1-C\mathrm{e}^{-rt}}\ （C=\pm\mathrm{e}^{C_1}），$$

将初值条件$x|_{t=0}=x_0$代入得

$$x(t) = \frac{kx_0}{x_0-(x_0-k)\mathrm{e}^{-rt}}\ . \tag{6.7.2}$$

从式（6.7.2）可以看出，当$t\to+\infty$时，$x(t)\to k$.表明随着时间的增大，种群规模渐渐达到饱和，进入平衡状态$x=k$.

例 6.7.1　交通事故的勘察　在公路交通事故的现场，常会发现事故车辆的车轮底下有一段拖痕. 这是紧急刹车后制动片抱紧制动箍使车轮停止了转动，由于惯性的作用，车轮在地面上摩擦滑动而留下的. 如果在事故现场测得拖痕的长度是10m，那么事故调查人员是如何判定事故车辆在紧急刹车前的车速的？

解　调查人员首先测定出事故现场的路面与事故车辆车轮的摩擦系数为$\lambda=1.02$（此系数由路面质地、车轮与地面接触面积等因素决定），然后设拖痕所在的直线为x轴，并令拖痕的起点为原点，车辆的滑动位移为x，滑动速度为v. 当$t=0$时，$x=0$，$v=v_0$；当$t=t_1$（t_1是滑动停止的时刻）时，$x=10$，$v=0$.

在滑动过程中，车辆受到与运动方向相反的摩擦力f的作用，如果车辆的质量为m，则摩擦力f的大小为λmg. 根据牛顿第二定律，有

$$m\frac{\mathrm{d}^2x}{\mathrm{d}t^2} = -\lambda mg\ ,$$

即
$$\frac{\mathrm{d}^2x}{\mathrm{d}t^2} = -\lambda g\ ,$$

积分得
$$\frac{\mathrm{d}x}{\mathrm{d}t} = -\lambda gt + C_1\ .$$

根据已知条件，$t=0$时，$v=\frac{\mathrm{d}x}{\mathrm{d}t}=v_0$，解出$C_1=v_0$，则

$$\frac{\mathrm{d}x}{\mathrm{d}t}=-\lambda gt+v_0, \tag{6.7.3}$$

再次积分，得

$$x=-\frac{\lambda g}{2}t^2+v_0t+C_2 .$$

$t=0$ 时，$x=0$，代入上式得 $C_2=0$，则有

$$x=-\frac{\lambda g}{2}t^2+v_0t . \tag{6.7.4}$$

把 $t=t_1$ 时，$x=10$，$v=0$ 代入（6.7.3）和（6.7.4）得

$$\begin{cases}-\lambda gt_1+v_0=0,\\ -\dfrac{\lambda g}{2}t_1^2+v_0t_1=10.\end{cases}$$

消去 t_1 得 $v_0=\sqrt{2\lambda g\times 10}$，把 $\lambda=1.02$，$g=9.81\,(\mathrm{m/s^2})$ 代入此式得

$$v_0=14.15\,(\mathrm{m/s})\approx 50.9\,(\mathrm{km/h}).$$

这是车辆开始滑动时的初速度，而实际上在车轮开始滑动之前车辆还有一个滚动减速的过程，因此车辆在刹车前的速度要远大于50.9（km/h）．此外，如果根据勘察，确定了事故发生的临界点（即事故发生瞬时的确切位置）在距离拖痕起点 x_1 处，由方程（6.7.4）可以计算出 t_1 的值，这是驾驶员因突发事件而紧急制动的提前反应时间．因此依据刹车拖痕的长短，调查人员可以判断驾驶员的行驶速度是否超出规定以及他对突发事件是否做出了及时反应．

6.7.2　数学家简介——乔治·格林

乔治·格林（George Green，1793—1841），英国数学家、物理学家，1793 年 7 月 14 日生于诺丁汉，1841 年 5 月 31 日卒于剑桥．

格林出生在一个磨坊主家庭，童年辍学，在父亲的风车磨坊干活，他一边干活一边利用工余时间坚持自修数学和物理，特别是读了拉普拉斯的《天体力学》后很受启发，于是自己试图完全用数学方法来论述静电磁学．在 32 岁那年，出版了一本他私人印的小册子《数学分析在电磁学中的应用》，这是他在电磁学的数学理论方面的最初尝试．在这本书中，他引入了位势函数，他说："这样的函数以如此简单的形式给出电荷基元在任意位置受力的数值．由于它在下文中频繁出现，我们冒昧地称其为属于该系统的位势函数，它显然是所考虑的电荷基元 P 的坐标的函数．"该书中还包含了他首先发现的一个平面区域上的二重积分与沿该区域边界的曲线积分之间的关系

（即数学分析中有名的格林公式）. 但由于这份小册子印数不多，传播范围不广，未引起人们的注意. 十几年后威廉 • 汤姆孙（William Thomson）发现了这本小册子，并认识到它的巨大价值，于 1850 年将它推荐发表在《纯粹与应用数学杂志》上，但这时格林已去世 10 年.

格林的父亲去世后，一些好友鼓励格林到大学去深造，他经过 4 年的自学，将其初等教育中的空白填补后，在 1833 年（当时他已经 40 岁）才以自费生的身份进入剑桥大学科尼斯学院学习，4 年后毕业获学士学位，毕业时数学成绩名列第四.1839 年被聘为剑桥大学教授，并被选为剑桥冈维尔与凯斯学院评议员.

格林发展了电磁理论，他引入的位势等概念，其意义远远超出了解位势方程. 他首次研究了与求解数学物理边值问题密切相关的特殊函数——格林函数. 格林函数现已成为偏微分方程理论中的一个重要概念和一项基本工具. 他还发表了关于流体平衡定律、关于 n 维空间中的引力及关于流体受椭球体振动而引起的运动等论文. 他在 1828 年的论著里，毫不犹豫地考虑了 n 维位势问题，关于这个理论，他说“已经不再像过去那样局限于三维空间了.”他率先发展 n 维分析，在研究波在管道中的传播问题时，讨论过用发散级数来解微分方程的方法.

格林在学术研究中反对门阀偏见. 在数学分析引入英国后，他是第一个沿着欧洲大陆的研究线索前进的英国数学家. 他的工作培育了数学物理学方面的剑桥学派，其中包括了近代很多伟大的数学物理学家，如汤姆孙、斯托克斯、瑞利、麦克斯韦等.

格林留下的著作于 1871 年汇集出版，虽然为数不多，但都是数学物理中的经典内容，在现代数学物理方面具有举足轻重的地位，以他的名字命名的术语有格林定理、格林公式、格林函数、格林曲线、格林算子、格林测度、格林空间等. 格林那种自强不息的精神、自学成材的范例，广受赞扬. 为了缅怀这位磨坊出身、勤奋刻苦的杰出数学家，诺丁汉市决定维护好陪伴格林度过艰苦自学岁月的风车磨坊. 如今，到诺丁汉旅游的人，很远就可以看到风车磨坊耸立的风轮，在夕阳的照耀下，构成了一幅极美丽的风景.

第 7 章　多元函数微分学

在一元函数微积分学中讨论的对象都是一元函数，即只依赖于一个自变量的函数. 但在很多自然现象以及实际问题中，经常会遇到多个变量之间的依赖关系，反映到数学上，就是一个变量依赖于多个变量的情形. 因此需要引入多元函数以及多元函数的微积分问题.

本章主要介绍多元函数的微分学，它是一元函数微分学的自然推广，并进一步讨论多元函数微分法的应用. 讨论中将以二元函数为主，并将概念、性质与结论推广到二元以上的函数.

【学习目标】

- 理解多元函数极限、连续、偏导数、全微分的概念和性质.
- 掌握求多元函数极限、偏导数、全微分的方法.
- 会求多元函数的导数，掌握其应用.
- 能够求多元函数的极值和条件极值.

7.1　空间解析几何简介

为了能够更直观深入地研究多元函数，作为预备知识，本节简要介绍一些空间解析几何的相关知识.

7.1.1　空间直角坐标系

在平面解析几何中，建立了平面直角坐标系，并通过平面直角坐标系把平面上的点与有序数组（即点的坐标(x,y)）建立一一对应的关系. 同样，为了把空间上的任意一点与有序数组对应起来，我们也建立了空间直角坐标系.

1. 空间直角坐标系的概念

在空间选定一点O作为原点，过原点O作三条两两垂直的数轴，分别标为x轴（横轴），y轴（纵轴），z轴（竖轴），统称为**坐标轴**. 它们构成一个空间直角坐标系$Oxyz$. 通常把x轴和y轴配置在水平面上，而z轴是铅垂线；它们的正向通常符合右手规则，即以右手握住 z 轴，右手的四个手指从正向 x 轴以 $\frac{\pi}{2}$ 角度转向 y 轴的正向，大拇指的指向就是 z 轴的正向，如图 7.1 所示.

2. 坐标面及卦限

三条坐标轴中每两条坐标轴所在的平面 xOy，yOz，zOx 称为**坐标面**. 三个坐标面把空间分成八个部分，每个部分称为一个**卦限**，共八个卦限. 其中，$x>0$、$y>0$、$z>0$ 部分为第Ⅰ卦限，第Ⅱ，Ⅲ，Ⅳ卦限在 xOy 平面的上方，按逆时针方向确定；第Ⅴ、Ⅵ、Ⅶ、Ⅷ卦限在 xOy 平面的下方，由第Ⅰ卦限正下方的第Ⅴ卦限按逆时针方向确定，如图 7.2 所示.

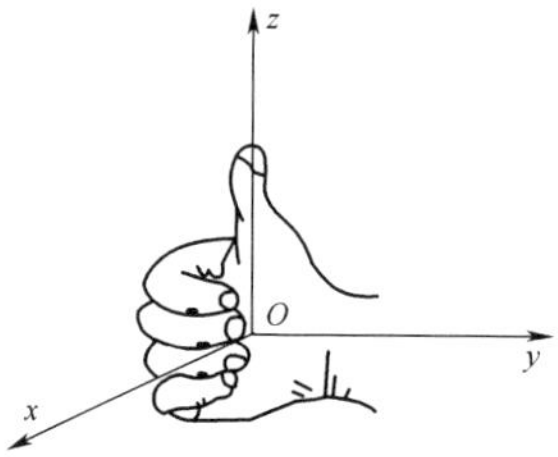

图 7.1

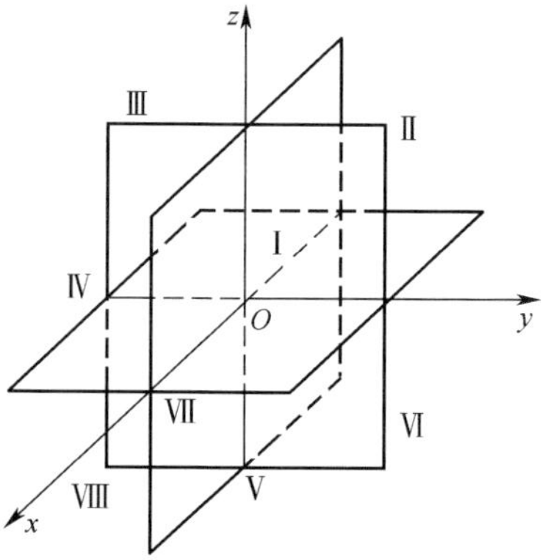

图 7.2

3. 空间点的直角坐标

定义了空间直角坐标系后，再来建立空间上的点与有序数组之间的对应关系. 设点 M 是空间中的任意一点（图 7.3），过 M 分别作垂直于 x 轴，y 轴和 z 轴的平面，它们与 x 轴，y 轴和 z 轴分别交于 P, Q 和 R 三个点，设 P, Q 和 R 三个点在三条坐标轴上的坐标分别是 x, y 和 z，那么空间上的任一点 M 就唯一地确定了一个有序数组 (x,y,z). 反过来，给定一个有序数组 (x,y,z)，可依次在 x 轴，y 轴和 z 轴上找到坐标分别为 x, y 和 z 的三个点 P, Q 和 R，过这三点分别作垂直于 x 轴，y 轴和 z 轴的平面，这三个平面的交点就是该有序数组所唯一确定的点 M.

通过空间直角坐标系，空间上的点和有序数组 (x,y,z) 之间建立了一一对应的关系，这组数 x, y 和 z 称为点 M 的**坐标**. 其中 x, y 和 z 依次称为点 M 的**横坐标**、**纵坐标**和**竖坐标**. 坐标为 x, y 和 z 的点 M 通常记作 (x,y,z).

坐标轴和坐标面上的点的坐标各有一定的特点. 例如，x 轴上的点，纵坐标 $y=0$，竖坐标 $z=0$，所以其坐标为 $(x,0,0)$. 同理，y 轴上点的坐标为 $(0,y,0)$；z

轴上点的坐标为$(0,0,z)$. xOy 面上点的坐标为$(x,y,0)$，如图 7.3 中的点 A；yOz 面上点的坐标为$(0,y,z)$，如图 7.3 中的点 B；zOx 面上点的坐标为$(x,0,z)$，如图 7.3 中的点 C.

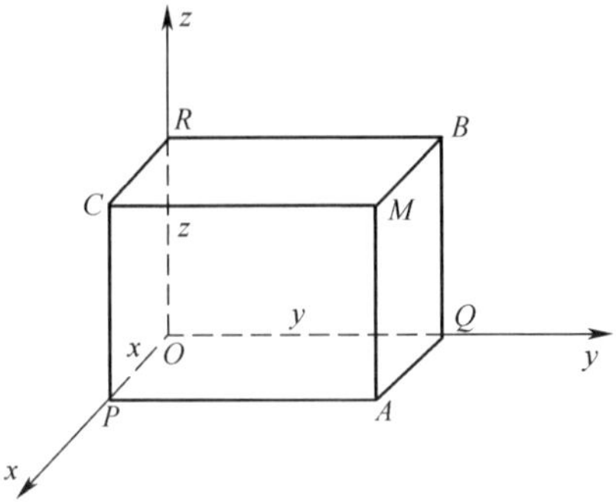

图 7.3

7.1.2　空间两点之间的距离

设有点 $A(x_1,y_1,z_1)$ 和点 $B(x_2,y_2,z_2)$，则点 A 与点 B 之间的距离公式为
$|AB|=\sqrt{(x_1-x_2)^2+(y_1-y_2)^2+(z_1-z_2)^2}$.

例 7.1.1　求证以 $M_1(4,3,1)$，$M_2(7,1,2)$，$M_3(5,2,3)$ 三点为顶点的三角形是等腰三角形.

解　因为

$$|M_1M_2|=\sqrt{(7-4)^2+(1-3)^2+(2-1)^2}=\sqrt{14},$$
$$|M_2M_3|=\sqrt{(5-7)^2+(2-1)^2+(3-2)^2}=\sqrt{6},$$
$$|M_3M_1|=\sqrt{(4-5)^2+(3-2)^2+(1-3)^2}=\sqrt{6},$$

所以 $|M_2M_3|=|M_3M_1|$，并且 $|M_2M_3|+|M_3M_1|>|M_1M_2|$，因此 $\Delta M_1M_2M_3$ 为等腰三角形.

例 7.1.2　求 z 轴上与点 $A(-4,2,7)$ 和点 $B(1,5,-2)$ 距离相等的点.

解　因为所求的点在 z 轴上，所以设该点为 $M(0,0,z)$，根据题意有

$$|MA|=|MB|,$$

即

$$\sqrt{(0+4)^2+(0-2)^2+(z-7)^2}=\sqrt{(1-0)^2+(5-0)^2+(-2-z)^2},$$

解得 $z=\frac{13}{6}$，因此所求的点为 $M\left(0,0,\frac{13}{6}\right)$.

7.1.3 曲面方程的概念

曲面方程的概念

在日常生活中，我们常会看到各种曲面，例如，反光镜的镜面、一些建筑物的表面、球面等．在平面解析几何中，把平面曲线看作是动点的轨迹，那么在空间解析几何中，曲面也可以看作是具有某种性质的动点的轨迹.

定义 7.1.1 在空间直角坐标系中，若曲面 S 上任一点的坐标 (x,y,z) 都满足方程 $F(x,y,z)=0$，而不在曲面 S 上的点的坐标不满足该方程，则方程 $F(x,y,z)=0$ 称为**曲面 S 的方程**，而曲面 S 称为由方程 $F(x,y,z)=0$ 所表示的**图形**.

我们可以通过研究方程的解析性质来研究曲面的几何性质．有关空间曲面研究的两个基本问题如下：

（1）已知曲面上的点所满足的几何性质，建立曲面的方程；

（2）已知曲面方程，研究曲面的几何形状.

例 7.1.3 建立球心在点 $M_0(x_0,y_0,z_0)$，半径为 R 的球面的方程.

解 设点 $M(x,y,z)$ 是球面上任意一点，根据题意可得

$$|MM_0|=R,$$

因为

$$|MM_0|=\sqrt{(x-x_0)^2+(y-y_0)^2+(z-z_0)^2},$$

则

$$(x-x_0)^2+(y-y_0)^2+(z-z_0)^2=R^2. \tag{7.1.1}$$

这就是球面上点的坐标所满足的方程，而不在球面上的点的坐标都不满足这个方程．所以方程（7.1.1）就是**球心在点 $M_0(x_0,y_0,z_0)$，半径为 R 的球面的方程**，如图 7.4 所示.

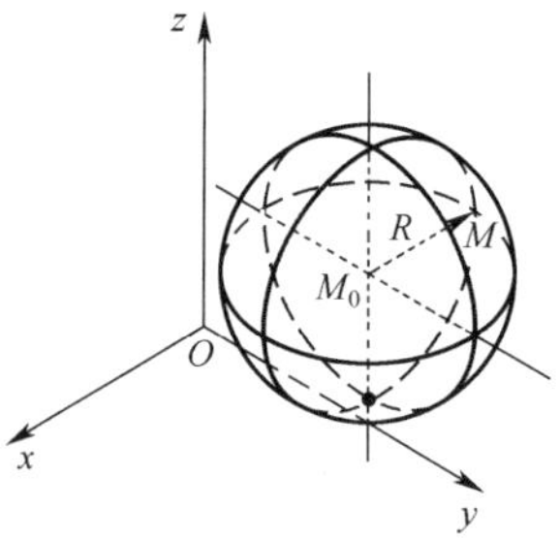

图 7.4

特别地，当球心在坐标原点时，球面方程为 $x^2+y^2+z^2=R^2$.

例 7.1.4 方程 $x^2+y^2+z^2-6x+8y=0$ 表示怎样的曲面？

解 对原方程配方得

$$(x-3)^2+(y+4)^2+z^2=25,$$

所以，原方程表示球心在点 $M_0(3,-4,0)$，半径 $R=5$ 的球面方程.

一般地，三元二次方程 $Ax^2+Ay^2+Az^2+Dx+Ey+Fz+G=0$ 表示球面. 这个方程的特点是缺 xy, yz 和 zx 各项，而且平方项系数相同，将方程通过配方可以化成式（7.1.1）的形式，那么它的图形就是一个球面.

7.1.4 常见的曲面及其方程

1. 平面

平面是空间中最简单而且最重要的曲面，可以证明空间中任意平面都可以用三元一次方程

$$Ax+By+Cz+D=0 \tag{7.1.2}$$

来表示，其中 A, B, C, D 是不全为零的常数. 反之亦然. 方程（7.1.2）称为平面的**一般式方程**.

例如方程 $x=0, y=0, z=0$ 分别表示空间直角坐标系中的三个坐标平面：yOz 平面，xOz 平面，xOy 平面. 再如方程 $x+y=1$，$x+y+z=1$ 和 $z=2$ 表示的空间平面分别如图 7.5（a）（b）（c）所示.

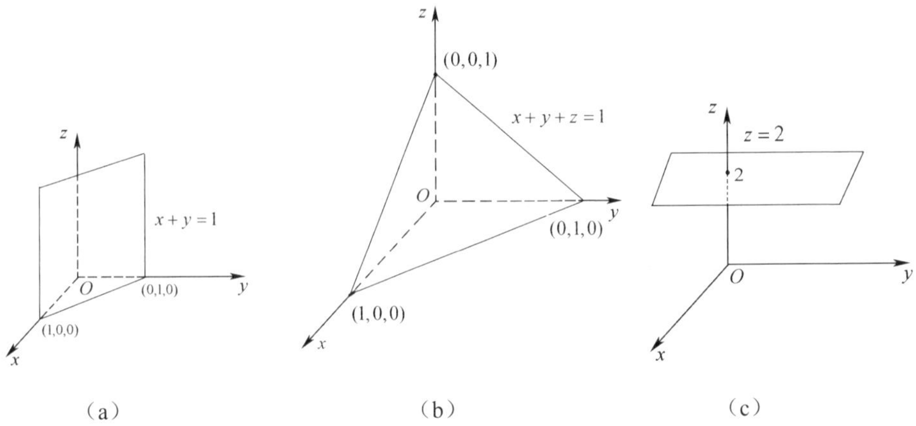

图 7.5

2. 柱面

例 7.1.5 考察方程 $x^2+y^2=R^2$ 在空间中表示怎样的曲面.

解 在 xOy 面上，题中方程表示圆心在原点 O，半径为 R 的圆．在空间直角坐标系中，注意到方程不含竖坐标 z，因此，对空间一点 (x,y,z)，不论其竖坐标 z 是什么，只要它的横坐标 x 和纵坐标 y 能满足方程，这一点就落在曲面上．即凡是通过 xOy 面内圆 $x^2+y^2=R^2$ 上一点 $M(x,y,0)$，且平行于 z 轴的直线 L 都在该曲面上．因此，该曲面可以看作是平行于 z 轴的直线 L（母线）沿着 xOy 面上的圆 $x^2+y^2=R^2$（准线）移动而形成的，称该曲面为**圆柱面**，如图 7.6（a）所示．

定义 7.1.2 平行于定直线的直线 L 沿定曲线 C 移动所形成的轨迹称为**柱面**．这条定曲线 C 称为**柱面的准线**，直线 L 称为**柱面的母线**．

一般地，在空间解析几何中，不含 z 而仅含 x 和 y 的方程 $F(x,y)=0$ 表示母线平行于 z 轴的柱面，xOy 面上的曲线 $F(x,y)=0$ 是这个柱面的一条准线．

同理，不含 y 而仅含 x 和 z 的方程 $G(x,z)=0$ 表示母线平行于 y 轴的柱面；不含 x 而仅含 y 和 z 的方程 $H(y,z)=0$ 表示母线平行于 x 轴的柱面．

例如，方程 $y^2=2x$ 表示母线平行于 z 轴，准线为 xOy 面上的抛物线 $y^2=2x$ 的柱面，这个柱面称为**抛物柱面**，如图 7.6（b）所示．

又如，方程 $x-y=0$ 表示母线平行于 z 轴，准线为 xOy 面上的直线 $x-y=0$，这个柱面是一个**平面**，如图 7.6（c）所示．

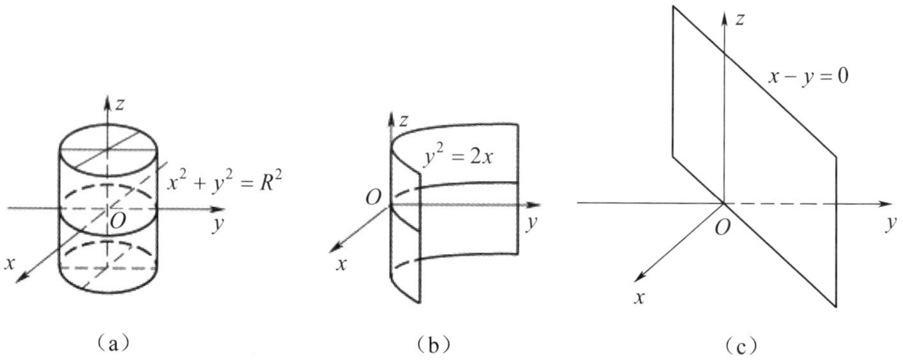

图 7.6

3. 旋转抛物面和圆锥面

方程 $z=a(x^2+y^2)$ 表示的曲面称为**旋转抛物面**，如图 7.7 所示．

方程 $z^2=a^2(x^2+y^2)$ 表示的曲面称为**圆锥面**，如图 7.8 所示．

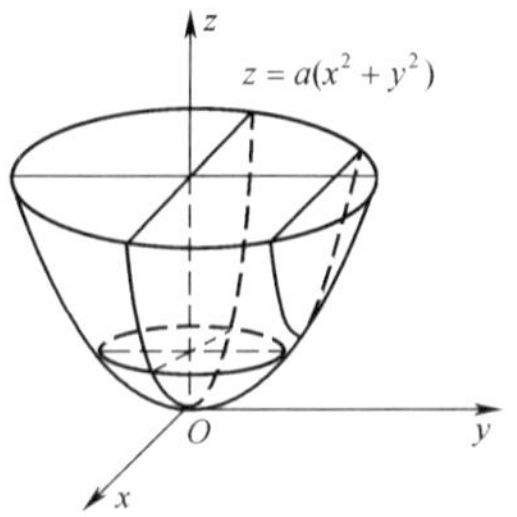

图 7.7

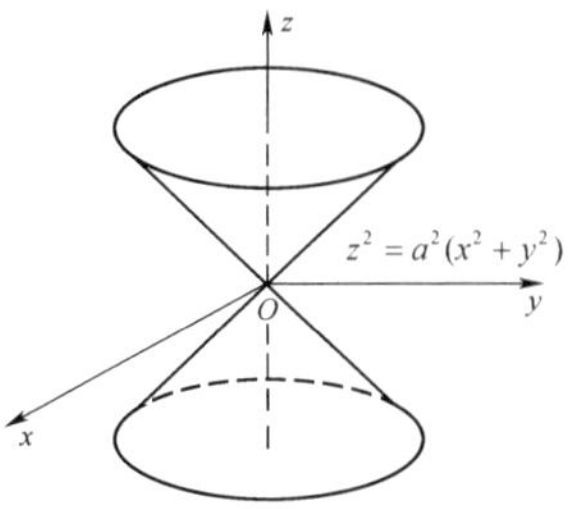

图 7.8

7.2 多元函数的基本概念

平面点集

7.2.1 平面点集

坐标平面 R^2 中具有某种性质 P 的所有点的全体称为**平面点集**.

下面介绍一些重要的平面点集.

1. 邻域

设 $P_0(x_0, y_0)$ 是直角坐标平面上的一点，δ 为一正数，称点集

$$\{P \| PP_0| < \delta\} = \left\{(x,y) \middle| \sqrt{(x-x_0)^2 + (y-y_0)^2} < \delta\right\}$$

为点 P_0 的 δ **邻域**，记为 $U(P_0, \delta)$.

在几何上，$U(P_0, \delta)$ 就是平面上以点 P_0 为中心，以 δ 为半径的圆的内部.

$\overset{\circ}{U}(P_0, \delta)$ 表示点 P_0 的**去心** δ **邻域**，即

$$\begin{aligned}\overset{\circ}{U}(P_0, \delta) &= \{P \mid 0 < |PP_0| < \delta\} \\ &= \left\{(x,y) \middle| 0 < \sqrt{(x-x_0)^2 + (y-y_0)^2} < \delta\right\}.\end{aligned}$$

注意：若不需要强调邻域半径 δ，也可写成 $U(P_0)$，点 P_0 的去心邻域记为 $\overset{\circ}{U}(P_0)$.

根据邻域的概念，我们来讨论平面中点与点集的关系.

设有点集 E 及一点 P，则点 P 与点集 E 显然有三种关系：点 P 在点集 E 内部，外部和边界上. 由此我们有如下的定义：

若存在点 P 的某邻域 $U(P) \subset E$，则称 P 为 E 的**内点**，如图 7.9 左侧所示.

若存在点 P 的某邻域 $U(P) \cap E = \varnothing$，则称 P 为 E 的**外点**，如图 7.9 右侧所示.

若点 P 的任一邻域 $U(P)$ 中既含有 E 中的内点也含有 E 的外点，则称 P 为 E

的**边界点**，如图 7.10 所示.

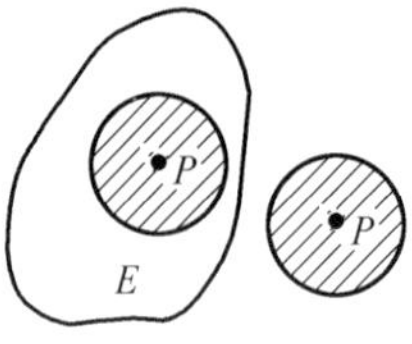

图 7.9

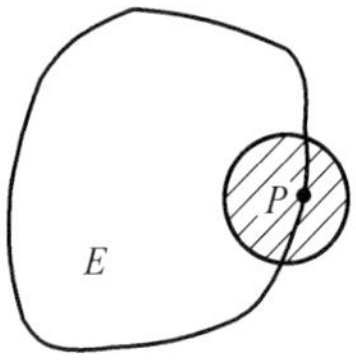

图 7.10

显然，E 的内点必属于 E，E 的外点必不属于 E，E 的边界点可能属于 E，也可能不属于 E.

例如，集合 $E=\left\{(x,y)\middle|1<x^2+y^2\leqslant 4\right\}$. 集合 $\left\{(x,y)\middle|1<x^2+y^2<4\right\}$ 中的点为集合 E 的内点，$\left\{(x,y)\middle|x^2+y^2<1 \text{ 或 } x^2+y^2>4\right\}$ 中的点为集合 E 的外点，$\left\{(x,y)\middle|x^2+y^2=1 \text{ 或 } x^2+y^2=4\right\}$ 中的点为集合 E 的边界点.

根据点 P 的邻近是否聚集着 E 的无穷多个点，点与点集有下述关系：

（1）若点 P 的任意去心邻域 $\overset{\circ}{U}(P_0)$ 内总有 E 中的点，则称 P 为 E 的**聚点**. 聚点本身可以属于 E，也可以不属于 E.

（2）若点 $P\in E$，但不是 E 的聚点，即存在 $\overset{\circ}{U}(P_0)$，使得 $\overset{\circ}{U}(P_0)\cap E=\varnothing$，则称 P 为 E 的**孤立点**.

2．开区域和闭区域

若点集 E 的点都是内点，则称 E 为**开集**；E 的边界点的全体称为 E 的**边界**，记作 ∂E.

若点集 E 的余集为开集，则称 E 为**闭集**.

若集合 D 中任意两点都可用一完全属于 D 的折线相连，则称 D 是**连通的**；否则就称为**非连通的**. 图 7.11 中的 D_1 和 D_2 都是连通的.

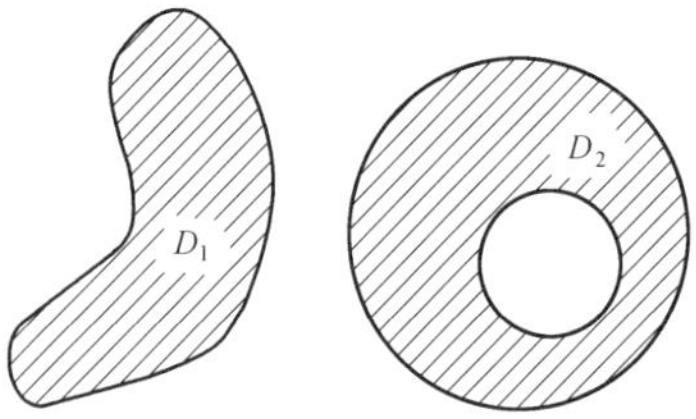

图 7.11

连通的开集称为**开区域**，简称**区域**. 开区域连同它的边界一起称为**闭区域**.

对于平面点集 E，如果存在某一正数 r 使得 $E\subset U(O,r)$，其中 O 是坐标原点，则称 E 为**有界集**.

一个集合如果不是有界集，就称它是**无界集**.

例如，点集 $\{(x,y)|x+y>0\}$ 和 $\{(x,y)|1<x^2+y^2<4\}$ 是开区域，$\{(x,y)|x+y\geqslant 0\}$［图 7.12(a)］和 $\{(x,y)|1\leqslant x^2+y^2\leqslant 4\}$［图 7.12(b)］是闭区域，而点集 $\{(x,y)||x|>1\}$ 是开集，但非区域［图 7.12（c）］.

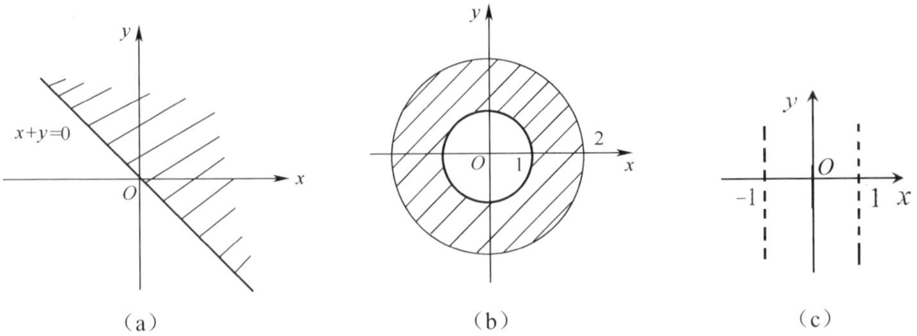

图 7.12

7.2.2　二元函数的概念

定义 7.2.1　设 D 是平面上的一个非空点集，如果对于 D 内的任意一点 (x,y)，按照对应法则 f，都有唯一确定的实数 z 与之对应，则称 f 是 D 上的**二元函数**，它在 (x,y) 处的函数值记为 $f(x,y)$，即 $z=f(x,y)$．x, y 称为**自变量**，z 称为**因变量**．D 称为该函数的**定义域**，数集 $\{z|z=f(x,y),(x,y)\in D\}$ 称为该函数的**值域**.

类似地，可以定义三元以及三元以上的函数.

例 7.2.1　求函数 $z=\sqrt{1-x^2-y^2}$ 的定义域.

解　要使表达式有意义，需要 $1-x^2-y^2\geqslant 0$，即 $x^2+y^2\leqslant 1$，因此所求定义域为 $\{(x,y)|x^2+y^2\leqslant 1\}$，函数图像为中心在原点的上半球面.

例 7.2.2　求函数 $u=\arcsin(x^2+y^2+z^2)$ 的定义域.

解　要使表达式有意义，需要 $-1\leqslant x^2+y^2+z^2\leqslant 1$，而 $x^2+y^2+z^2\geqslant 0$，所以只要 $x^2+y^2+z^2\leqslant 1$ 即可，因此所求定义域为 $\{(x,y,z)|x^2+y^2+z^2\leqslant 1\}$.

例 7.2.3 已知函数 $f\left(x+y,\mathrm{e}^{y}\right)=x^{2}y$，求 $f(x,y)$.

解 设 $u=x+y$，$v=\mathrm{e}^{y}$，则 $y=\ln v$，$x=u-\ln v$，代入函数式得

$$f(u,v)=(u-\ln v)^{2}\ln v,$$

所以

$$f(x,y)=(x-\ln y)^{2}\ln y.$$

7.2.3 二元函数的极限

二元函数的极限

与一元函数的极限概念类似，如果在 $P(x,y)\to P_0(x_0,y_0)$ 的过程中，对应的函数值 $f(x,y)$ 无限地接近于一个确定的常数 A，我们就说 A 是函数 $z=f(x,y)$ 当 $(x,y)\to(x_0,y_0)$ 时的极限.

定义 7.2.2 设二元函数 $f(x,y)$ 在聚点 $P_0(x_0,y_0)$ 的某一去心邻域内有定义，A 为确定的常数，如果对于任意给定的正数 ε，总存在正数 δ，使得对于适合不等式 $0<|PP_0|=\sqrt{(x-x_0)^2+(y-y_0)^2}<\delta$ 的一切点 $P(x,y)$ 都有 $|f(x,y)-A|<\varepsilon$ 成立，则称常数 A 为函数 $f(x,y)$ **当 $x\to x_0$，$y\to y_0$ 时的极限**，记作

$$\lim_{(x,y)\to(x_0,y_0)} f(x,y)=A \quad 或 \quad f(x,y)\to A\ \left((x,y)\to(x_0,y_0)\right).$$

为了区别于一元函数的极限，我们把二元函数的极限叫作**二重极限**.

需要注意的是，在上述定义中，要求动点 $P(x,y)$ 以任何方式趋于 $P_0(x_0,y_0)$ 时，$f(x,y)$ 都无限趋近于常数 A，这时极限才存在，否则极限不存在．例如，函数 $f(x,y)=\dfrac{xy}{x^2+y^2}$，当动点 (x,y) 沿着直线 $y=kx$（k 为常数）趋向点 $(0,0)$ 时，有

$$\lim_{\substack{x\to0\\ y=kx}}\frac{xy}{x^2+y^2}=\lim_{x\to0}\frac{x\cdot kx}{x^2+k^2x^2}=\frac{k}{1+k^2}, \tag{7.1.3}$$

显然它随着 k 值的不同而不同，亦即动点沿着不同的趋近方式趋向于点 $(0,0)$ 时，函数有不同的极限，从而函数 $f(x,y)=\dfrac{xy}{x^2+y^2}$ 在点 $(0,0)$ 处极限不存在.

二重极限有与一元函数的极限类似的运算法则.

例 7.2.4 求极限 $\lim\limits_{(x,y)\to(0,2)}\dfrac{\sin xy}{x}$.

解 因为 $\lim\limits_{(x,y)\to(0,2)} xy=0$，所以

$$\lim_{(x,y)\to(0,2)}\frac{\sin xy}{x}=\lim_{(x,y)\to(0,2)}\frac{\sin xy}{xy}\cdot y=\lim_{(x,y)\to(0,2)}\frac{\sin xy}{xy}\cdot\lim_{(x,y)\to(0,2)} y=2.$$

例 7.2.5　求极限 $\lim\limits_{(x,y)\to(0,0)}\left(x^2+y^2\right)\sin\dfrac{1}{x^2+y^2}$．

解　令 $x^2+y^2=u$，则 $\lim\limits_{(x,y)\to(0,0)}u=0$，则原式变为 $\lim\limits_{u\to 0}u\sin\dfrac{1}{u}$，根据有界函数和无穷小的乘积仍然是无穷小知

$$\lim_{(x,y)\to(0,0)}\left(x^2+y^2\right)\sin\frac{1}{x^2+y^2}=\lim_{u\to 0}u\sin\frac{1}{u}=0．$$

例 7.2.6　求极限 $\lim\limits_{(x,y)\to(0,0)}(1+x)^{\frac{1}{x+x^2y}}$．

解　原式 $=\lim\limits_{(x,y)\to(0,0)}(1+x)^{\frac{1}{x}\cdot\frac{1}{1+xy}}=\lim\limits_{(x,y)\to(0,0)}\left[(1+x)^{\frac{1}{x}}\right]^{\frac{1}{1+xy}}=\mathrm{e}$．

7.2.4　二元函数的连续性

定义 7.2.3　设二元函数 $z=f(x,y)$ 在 $P_0(x_0,y_0)$ 的某个邻域内有定义，如果

$$\lim_{(x,y)\to(x_0,y_0)}f(x,y)=f(x_0,y_0)，$$

则称函数 $z=f(x,y)$ 在点 (x_0,y_0) 处**连续**．如果函数 $z=f(x,y)$ 在点 (x_0,y_0) 处不连续，则称函数 $z=f(x,y)$ 在点 (x_0,y_0) 处**间断**.

例如，$(0,0)$ 是函数 $f(x,y)=\dfrac{1}{x^2+y^2}$ 的间断点；而函数 $f(x,y)=\dfrac{1}{x^2+y^2-1}$ 的间断点是 $\left\{(x,y)\middle|x^2+y^2=1\right\}$．

定义 7.2.4　设二元函数 $z=f(x,y)$ 在某区域 D 内的每一点都是连续的，则称它在区域 D 内**连续**，$z=f(x,y)$ 称为区域 D 内的**连续函数**.

例 7.2.7　讨论函数 $f(x,y)=\begin{cases}\dfrac{xy}{x^2+y^2}, & x^2+y^2\neq 0,\\ 0, & x^2+y^2=0\end{cases}$ 在 $(0,0)$ 处的连续性.

解　根据表达式(7.1.3)可知，函数 $f(x,y)$ 在点 $(0,0)$ 有定义，但是极限不存在．根据连续性的定义，可知函数 $f(x,y)$ 在点 $(0,0)$ 处不连续.

利用二元函数的极限运算法则可以证明，二元连续函数的和、差、积、商（当分母不为零）仍是连续函数，二元连续函数的复合函数也是连续的.

有界闭区域 D 上连续的二元函数具有与闭区间上连续的一元函数类似的性质.

定理 7.2.1　有界闭区域 D 上连续的二元函数在区域 D 上有界.

定理 7.2.2　有界闭区域 D 上连续的二元函数在区域 D 上存在最大值和最小值.

定理 7.2.3 有界闭区域 D 上连续的二元函数一定可以取得介于最大值和最小值之间的任何值.

7.3 偏导数

偏导数

7.3.1 偏导数的定义及其计算方法

一元函数导数的定义：函数增量与自变量增量比值的极限，

$$f'(x_0)=\left.\frac{\mathrm{d}f}{\mathrm{d}x}\right|_{x=x_0}=\lim_{\Delta x\to 0}\frac{f(x_0+\Delta x)-f(x_0)}{\Delta x},$$

它反映了函数对于自变量的变化率．对多元函数而言，自变量个数增多，自变量改变的方向是无限多的，但是我们仍然可以考虑函数对于某一个自变量的变化率，也就是在其中一个自变量发生变化，而其余自变量都保持不变的情形下，考虑函数对于该自变量的变化率．下面我们给出偏导数的定义.

定义 7.3.1 设函数 $z=f(x,y)$ 在点 (x_0,y_0) 的某个邻域内有定义，当 y 固定在 y_0， x 在 x_0 处有增量 Δx 时，函数相应地取得增量 $f(x_0+\Delta x,y_0)-f(x_0,y_0)$，如果

$$\lim_{\Delta x\to 0}\frac{f(x_0+\Delta x,y_0)-f(x_0,y_0)}{\Delta x}$$

存在，则称此极限为函数 $z=f(x,y)$ 在点 (x_0,y_0) **对 x 的偏导数**，记作

$$\left.\frac{\partial z}{\partial x}\right|_{(x_0,y_0)},\quad \left.\frac{\partial z}{\partial x}\right|_{\substack{x=x_0\\ y=y_0}},\quad z_x(x_0,y_0),\quad \left.\frac{\partial f}{\partial x}\right|_{(x_0,y_0)},\quad f_x(x_0,y_0)\text{ 或 }f_1'(x_0,y_0).$$

类似地，如果

$$\lim_{\Delta y\to 0}\frac{f(x_0,y_0+\Delta y)-f(x_0,y_0)}{\Delta y}$$

存在，则称此极限为函数 $z=f(x,y)$ 在点 (x_0,y_0) **对 y 的偏导数**，记作

$$\left.\frac{\partial z}{\partial y}\right|_{(x_0,y_0)},\quad \left.\frac{\partial z}{\partial y}\right|_{\substack{x=x_0\\ y=y_0}},\quad z_y(x_0,y_0),\quad \left.\frac{\partial f}{\partial y}\right|_{(x_0,y_0)},\quad f_y(x_0,y_0)\text{ 或 }f_2'(x_0,y_0).$$

如果函数 $z=f(x,y)$ 在区域 D 内任一点 (x,y) 处对 x 或对 y 的偏导数都存在，那么这些偏导数仍然是 x，y 的函数，我们称它们为函数 $z=f(x,y)$ **对 x 或对 y 的偏导函数**（简称**偏导数**），记为

$$\frac{\partial z}{\partial x},\quad z_x,\quad \frac{\partial f}{\partial x},\quad f_x\text{ 或 }f_1';$$

$$\frac{\partial z}{\partial y},\quad z_y,\quad \frac{\partial f}{\partial y},\quad f_y \text{ 或 } f_2'.$$

上述定义表明，计算多元函数对某个变量的偏导数时，只需把其余自变量看作常数，然后利用一元函数的求导公式和求导法则进行计算即可.

例 7.3.1　求函数 $f(x,y)=x^2+3xy+y^2$ 在点 $(1,2)$ 处的偏导数.

解　把 y 看作常数，对 x 求导，得

$$f_x(x,y)=2x+3y;$$

把 x 看作常数，对 y 求导，得

$$f_y(x,y)=3x+2y.$$

所以

$$f_x(1,2)=2+3\times2=8,\quad f_y(1,2)=3+2\times2=7.$$

例 7.3.2　求函数 $z=x^2\sin y$ 的偏导数.

解　把 y 看作常数，对 x 求导，得

$$z_x=2x\sin y;$$

把 x 看作常数，对 y 求导，得

$$z_y=x^2\cos y.$$

例 7.3.3　设函数 $z=x^y$（$x>0$，$x\neq1$），求证

$$\frac{x}{y}\cdot\frac{\partial z}{\partial x}+\frac{1}{\ln x}\cdot\frac{\partial z}{\partial y}=2z.$$

证明　因为 $\frac{\partial z}{\partial x}=yx^{y-1}$，$\frac{\partial z}{\partial y}=x^y\ln x$，所以

$$\frac{x}{y}\cdot\frac{\partial z}{\partial x}+\frac{1}{\ln x}\cdot\frac{\partial z}{\partial y}=\frac{x}{y}\cdot yx^{y-1}+\frac{1}{\ln x}\cdot x^y\ln x=x^y+x^y=2z.$$

偏导数的概念很容易推广到三元以及三元以上的函数中，例如，三元函数 $u=f(x,y,z)$ 在点 (x,y,z) 处对 x 的偏导数是

$$f_x(x,y,z)=\lim_{\Delta x\to0}\frac{f(x+\Delta x,y,z)-f(x,y,z)}{\Delta x}.$$

例 7.3.4　求函数 $r=\sqrt{x^2+y^2+z^2}$ 的偏导数.

解　$\frac{\partial r}{\partial x}=\frac{2x}{2\sqrt{x^2+y^2+z^2}}=\frac{x}{r}$，根据对称性，可得

$$\frac{\partial r}{\partial y}=\frac{y}{r},\quad \frac{\partial r}{\partial z}=\frac{z}{r}.$$

7.3.2 偏导数的几何意义

二元函数 $z=f(x,y)$ 在点 (x_0,y_0) 处的偏导数 $f_x(x_0,y_0)$ 即为 $\left.\dfrac{\mathrm{d}f(x,y_0)}{\mathrm{d}x}\right|_{x=x_0}$，实质上是一元函数 $f(x,y_0)$ 在点 (x_0,y_0) 处对 x 的导数，故由导数的几何意义可知：$f_x(x_0,y_0)$ 表示曲线 $\begin{cases} z=f(x,y) \\ y=y_0 \end{cases}$ 在点 (x_0,y_0) 处的切线对 x 轴的斜率；同样 $f_y(x_0,y_0)$ 表示曲线 $\begin{cases} z=f(x,y) \\ x=x_0 \end{cases}$ 在点 (x_0,y_0) 处的切线对 y 轴的斜率，如图 7.13 所示.

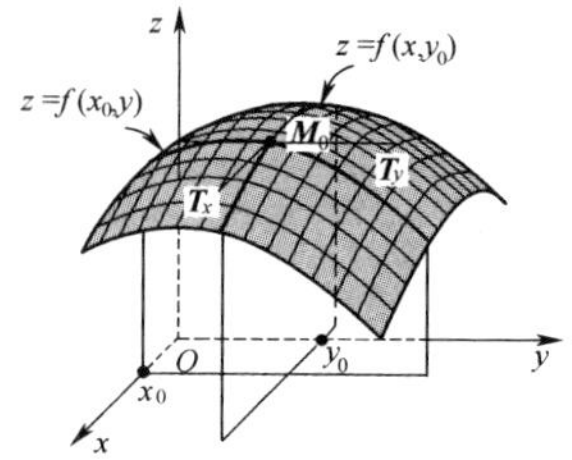

图 7.13

我们知道，如果一元函数在某点可导，则它在该点必定连续. 但对二元函数来说，即使各偏导数在某点都存在，也不能保证函数在该点连续.

例如，函数

$$f(x,y)=\begin{cases} \dfrac{xy}{x^2+y^2}, & x^2+y^2\neq 0, \\ 0, & x^2+y^2=0 \end{cases}$$

在点 $(0,0)$ 处对 x 的偏导数为

$$f_x(0,0)=\lim_{\Delta x\to 0}\frac{f(0+\Delta x,0)-f(0,0)}{\Delta x}=0,$$

在点 $(0,0)$ 处对 y 的偏导数为

$$f_y(0,0)=\lim_{\Delta y\to 0}\frac{f(0,0+\Delta y)-f(0,0)}{\Delta y}=0,$$

但是 $\lim\limits_{(x,y)\to(0,0)}f(x,y)$ 不存在，故 $f(x,y)$ 在点 $(0,0)$ 处不连续.

7.3.3 高阶偏导数

设函数 $z=f(x,y)$ 在区域 D 内具有偏导数

$$\frac{\partial z}{\partial x}=f_x(x,y),\quad \frac{\partial z}{\partial y}=f_y(x,y),$$

则在区域 D 内，$f_x(x,y)$，$f_y(x,y)$ 都是关于 x，y 的二元函数．如果这两个函数的偏导数存在，则称它们是函数 $z=f(x,y)$ 的**二阶偏导数**．按照对变量求导次序的不同，有下列四个二阶偏导数：

$$\frac{\partial}{\partial x}\left(\frac{\partial z}{\partial x}\right)=\frac{\partial^2 z}{\partial x^2}=f_{xx}(x,y)，\quad \frac{\partial}{\partial y}\left(\frac{\partial z}{\partial x}\right)=\frac{\partial^2 z}{\partial x\partial y}=f_{xy}(x,y)，$$

$$\frac{\partial}{\partial x}\left(\frac{\partial z}{\partial y}\right)=\frac{\partial^2 z}{\partial y\partial x}=f_{yx}(x,y)，\quad \frac{\partial}{\partial y}\left(\frac{\partial z}{\partial y}\right)=\frac{\partial^2 z}{\partial y^2}=f_{yy}(x,y).$$

其中，$f_{xy}(x,y)$ 和 $f_{yx}(x,y)$ 两个二阶偏导数称为**混合偏导数**．同样可得三阶，四阶直至 n 阶偏导数，二阶及二阶以上的偏导数统称为**高阶偏导数**．

例 7.3.5　求函数 $z=2x^4y-xy^3+xy+1$ 的二阶偏导数．

解　$\dfrac{\partial z}{\partial x}=8x^3y-y^3+y$，$\dfrac{\partial z}{\partial y}=2x^4-3xy^2+x$，

$$\frac{\partial^2 z}{\partial x^2}=24x^2y，\quad \frac{\partial^2 z}{\partial x\partial y}=8x^3-3y^2+1，$$

$$\frac{\partial^2 z}{\partial y\partial x}=8x^3-3y^2+1，\quad \frac{\partial^2 z}{\partial y^2}=-6xy.$$

从以上例子可以看到，两个二阶混合偏导数相等，即 $\dfrac{\partial^2 z}{\partial x\partial y}=\dfrac{\partial^2 z}{\partial y\partial x}$，这不是偶然的，事实上，我们有下述定理．

定理 7.3.1　设函数 $z=f(x,y)$ 的两个二阶混合偏导数 $\dfrac{\partial^2 z}{\partial x\partial y}$ 及 $\dfrac{\partial^2 z}{\partial y\partial x}$ 在区域 D 内连续，则在该区域内有 $\dfrac{\partial^2 z}{\partial x\partial y}=\dfrac{\partial^2 z}{\partial y\partial x}$．

定理 7.3.1 表明，二阶混合偏导数在连续的条件下与求导次序无关．此定理的证明从略．

对二元以上的多元函数，我们也可以类似地定义高阶偏导数，而且高阶混合偏导数在连续的条件下也与求导次序无关．

7.4　全微分

全微分

7.4.1　全微分的概念

若一元函数 $y=f(x)$ 在 x_0 处可微，则函数的增量可以表示为

$$\Delta y=f(x_0+\Delta x)-f(x_0)=A\Delta x+o(\Delta x),$$

其中 A 与 Δx 无关，此时 $A\Delta x$ 称为函数 $y=f\left(x\right)$ 在 x_0 处的微分.

对于二元函数的全微分有类似的定义.

定义 7.4.1 如果函数 $z=f\left(x,y\right)$ 在点 $\left(x,y\right)$ 处的全增量

$$\Delta z=f\left(x+\Delta x,y+\Delta y\right)-f\left(x,y\right)$$

可以表示为

$$\Delta z=A\Delta x+B\Delta y+o(\rho)\text{，}\tag{7.4.1}$$

其中 A,B 不依赖于 Δx，Δy，而仅与 x,y 有关；$\rho=\sqrt{\left(\Delta x\right)^2+\left(\Delta y\right)^2}$，则称函数 $z=f\left(x,y\right)$ 在点 $\left(x,y\right)$ 处**可微**，$A\Delta x+B\Delta y$ 称为函数 $z=f\left(x,y\right)$ 在点 $\left(x,y\right)$ 处的**全微分**，记作 $\mathrm{d}z$，即

$$\mathrm{d}z=A\Delta x+B\Delta y\ .$$

若函数 $z=f\left(x,y\right)$ 在区域 D 内各点处都可微，则称该函数在区域 D 内**可微分**.

定理 7.4.1（必要条件） 如果函数 $z=f\left(x,y\right)$ 在点 $\left(x,y\right)$ 处可微分，则函数在该点必连续.

证明 根据函数 $z=f\left(x,y\right)$ 在点 $\left(x,y\right)$ 处可微分的定义可知，

$$\lim_{(\Delta x,\Delta y)\to(0,0)}\Delta z=\lim_{\rho\to 0}\left[\left(A\Delta x+B\Delta y\right)+o\left(\rho\right)\right]=0\text{，}$$

从而

$$\lim_{(\Delta x,\Delta y)\to(0,0)}f\left(x+\Delta x,y+\Delta y\right)=\lim_{\rho\to 0}\left[f\left(x,y\right)+\Delta z\right]=f\left(x,y\right)\text{，}$$

所以函数 $z=f\left(x,y\right)$ 在点 $\left(x,y\right)$ 处连续.

下面定理给出了可微与偏导数的关系.

定理 7.4.2（必要条件） 如果函数 $z=f\left(x,y\right)$ 在点 $\left(x,y\right)$ 处可微分，则该函数在 (x,y) 处的偏导数 $\dfrac{\partial z}{\partial x}$，$\dfrac{\partial z}{\partial y}$ 必存在，且 $z=f\left(x,y\right)$ 在点 $\left(x,y\right)$ 处的全微分为

$$\mathrm{d}z=\frac{\partial z}{\partial x}\Delta x+\frac{\partial z}{\partial y}\Delta y=\frac{\partial z}{\partial x}\mathrm{d}x+\frac{\partial z}{\partial y}\mathrm{d}y\ .\tag{7.4.2}$$

证明从略.

定理 7.4.3（充分条件） 如果函数 $z=f\left(x,y\right)$ 的偏导数 $\dfrac{\partial z}{\partial x}$，$\dfrac{\partial z}{\partial y}$ 在点 $\left(x,y\right)$ 处连续，则函数在该点可微.

证明从略.

上述关于二元函数全微分的必要条件和充分条件可以类似地推广到三元及三元以上的多元函数中．例如，三元函数 $u=f\left(x,y,z\right)$ 的全微分可以表示为

$$du=\frac{\partial u}{\partial x}dx+\frac{\partial u}{\partial y}dy+\frac{\partial u}{\partial z}dz. \tag{7.4.3}$$

此式称为全微分的**叠加原理**.

例 7.4.1　求函数 $z=x^3y^2+x^2+y$ 在 $(2,1)$ 处的全微分.

解　因为 $\frac{\partial z}{\partial x}=3x^2y^2+2x$， $\left.\frac{\partial z}{\partial x}\right|_{(2,1)}=16$， $\frac{\partial z}{\partial y}=2x^3y+1$， $\left.\frac{\partial z}{\partial y}\right|_{(2,1)}=17$.

所以

$$\left.dz\right|_{(2,1)}=\left.\frac{\partial z}{\partial x}\right|_{(2,1)}dx+\left.\frac{\partial z}{\partial y}\right|_{(2,1)}dy=16dx+17dy.$$

例 7.4.2　求函数 $z=x^2y+\frac{x}{y}$ 的全微分.

解　因为 $\frac{\partial z}{\partial x}=2xy+\frac{1}{y}$， $\frac{\partial z}{\partial y}=x^2-\frac{x}{y^2}$，

所以

$$dz=\left(2xy+\frac{1}{y}\right)dx+\left(x^2-\frac{x}{y^2}\right)dy.$$

例 7.4.3　求函数 $u=x+\sin\frac{y}{2}+e^{yz}$ 的全微分.

解　因为 $\frac{\partial u}{\partial x}=1$， $\frac{\partial u}{\partial y}=\frac{1}{2}\cos\frac{y}{2}+ze^{yz}$， $\frac{\partial u}{\partial z}=ye^{yz}$，

所以

$$du=dx+\left(\frac{1}{2}\cos\frac{y}{2}+ze^{yz}\right)dy+ye^{yz}dz.$$

*7.4.2　全微分在近似计算中的应用

由二元函数全微分的定义及关于全微分存在的充分条件可知，当二元函数 $z=f(x,y)$ 在点 $P(x,y)$ 的两个偏导数连续，并且 $|\Delta x|$，$|\Delta y|$ 都较小时，有近似等式 $\Delta z\approx dz=f_x(x,y)\Delta x+f_y(x,y)\Delta y$，也可表示为

$$f(x+\Delta x,y+\Delta y)\approx f(x,y)+f_x(x,y)\Delta x+f_y(x,y)\Delta y. \tag{7.4.4}$$

与一元函数的情形类似，利用上式可对二元函数作近似计算.

例 7.4.4　计算 $(1.04)^{2.02}$ 的近似值.

解　设函数 $f(x,y)=x^y$，取 $x=1$，$y=2$，$\Delta x=0.04$，$\Delta y=0.02$，由于 $f(1,2)=1$，$f_x(x,y)=yx^{y-1}$， $f_y(x,y)=x^y\ln x$， $f_x(1,2)=2$， $f_y(1,2)=0$，根据公式（7.4.4）

可得

$$(1.04)^{2.02} \approx 1 + 2\times 0.04 + 0\times 0.02 = 1.08 .$$

实际上，利用计算器可算出$(1.04)^{2.02} \approx 1.0824$，即上述近似计算可满足计算要求.

7.5 多元复合函数的求导法则

在一元函数中，复合函数的求导法则在导数的运算中起着非常重要的作用，这一法则可以推广到多元复合函数的情形. 下面按照多元复合函数不同的复合情形，分三种情形讨论.

7.5.1 中间变量均为一元函数

设函数 $z=f(u,v)$， $u=\varphi(t)$， $v=\psi(t)$ 构成复合函数 $z=f[\varphi(t),\psi(t)]$，其变量间的相互依赖关系可用图 7.14 所示的树形图来表达.

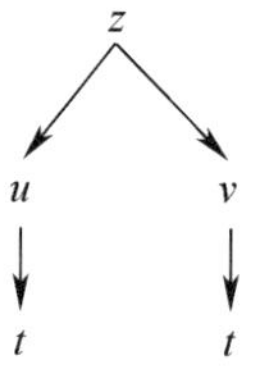

图 7.14

定理 7.5.1 如果函数 $u=\varphi(t)$ 及 $v=\psi(t)$ 都在点 t 可导，$z=f(u,v)$ 在对应点 (u,v) 具有连续偏导数，则复合函数 $z=f[\varphi(t),\psi(t)]$ 在对应点 t 可导，且其导数可用下列公式计算：

$$\frac{\mathrm{d}z}{\mathrm{d}t}=\frac{\partial z}{\partial u}\cdot\frac{\mathrm{d}u}{\mathrm{d}t}+\frac{\partial z}{\partial v}\cdot\frac{\mathrm{d}v}{\mathrm{d}t}. \qquad (7.5.1)$$

注意： 如果能够准确地表示出因变量、中间变量、自变量之间的树形图，可以按照“按线相乘，分线相加”的法则写出公式，本节中其他情形的公式都可以按照这个法则写出公式.

例 7.5.1 设 $z=u^2+\tan v$，而 $u=\sin t$， $v=\mathrm{e}^t$，求 $\frac{\mathrm{d}z}{\mathrm{d}t}$.

解 $\frac{\mathrm{d}z}{\mathrm{d}t}=\frac{\partial z}{\partial u}\cdot\frac{\mathrm{d}u}{\mathrm{d}t}+\frac{\partial z}{\partial v}\cdot\frac{\mathrm{d}v}{\mathrm{d}t}=2u\cdot\cos t+\sec^2 v\cdot\mathrm{e}^t=\sin 2t+\mathrm{e}^t\sec^2\left(\mathrm{e}^t\right).$

定理 7.5.1 可推广到中间变量多于两个的情形，例如 $z=f(u,v,w)$， $u=\varphi(t)$， $v=\psi(t)$， $w=\omega(t)$ 构成复合函数 $z=f[\varphi(t),\psi(t),\omega(t)]$，其变量间的相互依赖关系可用图 7.15 所示的树形图来表达，则在满足与定理 7.5.1 类似的条件下，有

$$\frac{\mathrm{d}z}{\mathrm{d}t}=\frac{\partial z}{\partial u}\cdot\frac{\mathrm{d}u}{\mathrm{d}t}+\frac{\partial z}{\partial v}\cdot\frac{\mathrm{d}v}{\mathrm{d}t}+\frac{\partial z}{\partial w}\cdot\frac{\mathrm{d}w}{\mathrm{d}t}. \qquad (7.5.2)$$

公式（7.5.1）和公式（7.5.2）中的导数 $\frac{\mathrm{d}z}{\mathrm{d}t}$ 称为**全导数**.

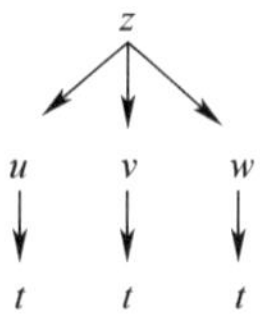

图 7.15

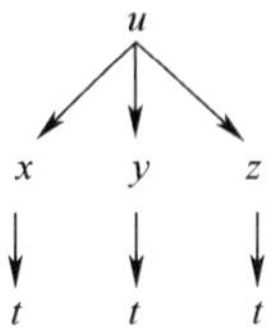

图 7.16

例 7.5.2　设 $u = x^2 + e^y + \arctan z$，而 $x = \sqrt{t}$，$y = \ln\left(1+t^2\right)$，$z = t^2$，求全导数 $\dfrac{du}{dt}$.

解　该函数变量间的相互依赖关系可用图 7.16 来表达，有

$$\begin{aligned}\frac{du}{dt} &= \frac{\partial u}{\partial x}\cdot\frac{dx}{dt} + \frac{\partial u}{\partial y}\cdot\frac{dy}{dt} + \frac{\partial u}{\partial z}\cdot\frac{dz}{dt} \\ &= 2x\cdot\frac{1}{2\sqrt{t}} + e^y\cdot\frac{2t}{1+t^2} + \frac{1}{1+z^2}\cdot 2t \\ &= 1 + 2t + \frac{2t}{1+t^4}.\end{aligned}$$

7.5.2　中间变量均为多元函数

定理 7.5.1 可推广到中间变量不是一元函数的情形，例如 $z = f(u,v)$，$u = \varphi(x,y)$，$v = \psi(x,y)$ 构成复合函数 $z = f\left[\varphi(x,y),\psi(x,y)\right]$，其变量间的相互依赖关系可用图 7.17 来表达.

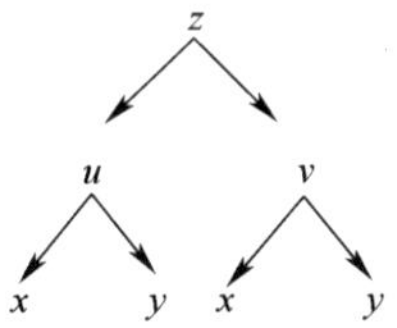

图 7.17

定理 7.5.2　如果 $u = \varphi(x,y)$ 及 $v = \psi(x,y)$ 都在点 (x,y) 具有对 x 和 y 的偏导数，且 $z = f(u,v)$ 在对应点 (u,v) 具有连续偏导数，则复合函数 $z = f\left[\varphi(x,y),\psi(x,y)\right]$ 在对应点 (x,y) 的两个偏导数存在，且可用下列公式计算，

$$\frac{\partial z}{\partial x} = \frac{\partial z}{\partial u}\cdot\frac{\partial u}{\partial x} + \frac{\partial z}{\partial v}\cdot\frac{\partial v}{\partial x},\quad \frac{\partial z}{\partial y} = \frac{\partial z}{\partial u}\cdot\frac{\partial u}{\partial y} + \frac{\partial z}{\partial v}\cdot\frac{\partial v}{\partial y}.$$

例 7.5.3　设 $z = e^u \sin v$，而 $u = xy$，$v = x + y$，求 $\dfrac{\partial z}{\partial x}$ 和 $\dfrac{\partial z}{\partial y}$.

解　$\dfrac{\partial z}{\partial x} = \dfrac{\partial z}{\partial u}\cdot\dfrac{\partial u}{\partial x} + \dfrac{\partial z}{\partial v}\cdot\dfrac{\partial v}{\partial x} = e^u \sin v \cdot y + e^u \cos v \cdot 1$

$$=e^{xy}\left[y\sin(x+y)+\cos(x+y)\right],$$

$$\frac{\partial z}{\partial y}=\frac{\partial z}{\partial u}\cdot\frac{\partial u}{\partial y}+\frac{\partial z}{\partial v}\cdot\frac{\partial v}{\partial y}=e^{u}\sin v\cdot x+e^{u}\cos v\cdot 1$$

$$=e^{xy}\left[x\sin(x+y)+\cos(x+y)\right].$$

例 7.5.4 设 $w=f(x+y+z,xyz)$，求 $\frac{\partial w}{\partial x}$.

解 令 $u=x+y+z$， $v=xyz$，所以

$$\frac{\partial w}{\partial x}=\frac{\partial f}{\partial u}\cdot\frac{\partial u}{\partial x}+\frac{\partial f}{\partial v}\cdot\frac{\partial v}{\partial x}=f_1'+yzf_2'.$$

注意： 在对抽象复合函数求偏导数时，可以采用上述例题的简记法．对于二阶偏导数也有如下简记法:

$$f_{11}''=\frac{\partial^2 f}{\partial u^2},\quad f_{12}''=\frac{\partial^2 f}{\partial u\partial v},\quad f_{21}''=\frac{\partial^2 f}{\partial v\partial u},\quad f_{22}''=\frac{\partial^2 f}{\partial v^2}.$$

采用这些简记法，可以使抽象复合函数的高阶偏导数表示起来更简洁易懂.

例 7.5.5 设 $z=f(xy,x+y)$， f 具有二阶连续的偏导数，求 $\frac{\partial^2 z}{\partial x^2}$.

解 因为

$$\frac{\partial z}{\partial x}=f_1'\cdot y+f_2',$$

$$\frac{\partial^2 z}{\partial x^2}=y\cdot\left(f_{11}''\cdot y+f_{12}''\right)+f_{21}''\cdot y+f_{22}''=y^2f_{11}''+yf_{12}''+yf_{21}''+f_{22}'',$$

又因为 f 具有二阶连续的偏导数，则 $f_{12}''=f_{21}''$，所以

$$\frac{\partial^2 z}{\partial x^2}=y^2f_{11}''+2yf_{12}''+f_{22}''.$$

定理 7.5.2 可推广到中间变量多于两个的情形,例如 $z=f(u,v,w)$，$u=\varphi(x,y)$，$v=\psi(x,y)$， $w=\omega(x,y)$ 构成复合函数 $z=f\left[\varphi(x,y),\psi(x,y),\omega(x,y)\right]$，则在满足与定理 7.5.2 类似的条件下，有

$$\frac{\partial z}{\partial x}=\frac{\partial z}{\partial u}\cdot\frac{\partial u}{\partial x}+\frac{\partial z}{\partial v}\cdot\frac{\partial v}{\partial x}+\frac{\partial z}{\partial \omega}\cdot\frac{\partial \omega}{\partial x},\quad \frac{\partial z}{\partial y}=\frac{\partial z}{\partial u}\cdot\frac{\partial u}{\partial y}+\frac{\partial z}{\partial v}\cdot\frac{\partial v}{\partial y}+\frac{\partial z}{\partial \omega}\cdot\frac{\partial \omega}{\partial y}.$$

7.5.3 中间变量既有一元函数也有多元函数

定理 7.5.3 如果函数 $u=\varphi(x,y)$ 在点 (x,y) 具有对 x 和 y 的偏导数，函数 $v=\psi(y)$ 在点 y 可导，函数 $z=f(u,v)$ 在对应点 (u,v) 具有连续偏导数，则复合函

数 $z=f\left[\varphi(x,y),\psi(y)\right]$ 在点 (x,y) 的两个偏导数存在，且有

$$\frac{\partial z}{\partial x}=\frac{\partial z}{\partial u}\cdot\frac{\partial u}{\partial x}, \quad \frac{\partial z}{\partial y}=\frac{\partial z}{\partial u}\cdot\frac{\partial u}{\partial y}+\frac{\partial z}{\partial v}\cdot\frac{\mathrm{d}v}{\mathrm{d}y}.$$

这类情形实际上是定理 7.5.2 的一个特例，即变量 v 与 x 无关，从而 $\frac{\partial v}{\partial x}=0$，而 v 是关于 y 的一元函数，所以 $\frac{\partial v}{\partial y}$ 换成了 $\frac{\mathrm{d}v}{\mathrm{d}y}$，从而有上述结果.

另外，我们还会遇见如下的情形，即复合函数的某些中间变量本身也是复合函数的自变量. 例如，设函数 $z=f(u,x,y)$ 具有连续偏导数，$u=\varphi(x,y)$ 具有偏导数，则复合函数 $z=f\left[\varphi(x,y),x,y\right]$ 可看作定理 7.5.2 中 $v=x$，$\omega=y$ 的特殊情形. 因此，

$$\frac{\partial z}{\partial x}=\frac{\partial f}{\partial u}\cdot\frac{\partial u}{\partial x}+\frac{\partial f}{\partial x}, \quad \frac{\partial z}{\partial y}=\frac{\partial f}{\partial u}\cdot\frac{\partial u}{\partial y}+\frac{\partial f}{\partial y}.$$

注意： $\frac{\partial z}{\partial x}$ 与 $\frac{\partial f}{\partial x}$ 是不同的，$\frac{\partial z}{\partial x}$ 把复合函数 $z=f\left[\varphi(x,y),x,y\right]$ 中的 y 看作常量，而 $\frac{\partial f}{\partial x}$ 把 $z=f(u,x,y)$ 中的 u 及 y 都看作常量.

例 7.5.6 设 $z=u\cos v$，而 $u=x^2y$，$v=\mathrm{e}^y$，求 $\frac{\partial z}{\partial x}$ 和 $\frac{\partial z}{\partial y}$.

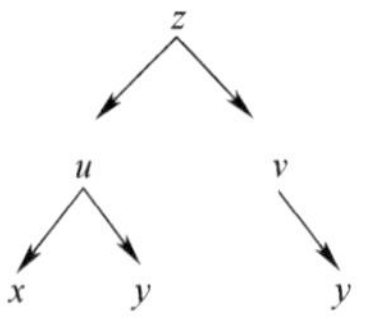

图 7.18

解 变量之间的关系如图 7.18 所示，则

$$\frac{\partial z}{\partial x}=\frac{\partial z}{\partial u}\cdot\frac{\partial u}{\partial x}=\cos v\cdot 2xy=2xy\cos\mathrm{e}^y,$$

$$\frac{\partial z}{\partial y}=\frac{\partial z}{\partial u}\cdot\frac{\partial u}{\partial y}+\frac{\partial z}{\partial v}\cdot\frac{\mathrm{d}v}{\mathrm{d}y}=\cos v\cdot x^2+u\cdot(-\sin v)\cdot\mathrm{e}^y$$
$$=x^2\cos\mathrm{e}^y-x^2y\mathrm{e}^y\sin\mathrm{e}^y=x^2\left(\cos\mathrm{e}^y-y\mathrm{e}^y\sin\mathrm{e}^y\right).$$

例 7.5.7 设 $z=f(u,x,y)=\ln\left(u^2+1\right)+\sin(x+y)$，而 $u=xy$，求 $\frac{\partial z}{\partial x}$ 和 $\frac{\partial z}{\partial y}$.

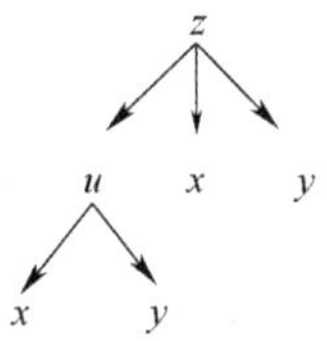

图 7.19

解 变量之间的关系如图 7.19 所示，则

$$\frac{\partial z}{\partial x}=\frac{\partial f}{\partial u}\cdot\frac{\partial u}{\partial x}+\frac{\partial f}{\partial x}=\frac{2u}{u^2+1}\cdot y+\cos(x+y)$$
$$=\frac{2xy^2}{x^2y^2+1}+\cos(x+y),$$

$$\frac{\partial z}{\partial y}=\frac{\partial f}{\partial u}\cdot\frac{\partial u}{\partial y}+\frac{\partial f}{\partial y}=\frac{2u}{u^2+1}\cdot x+\cos(x+y)=\frac{2x^2y}{x^2y^2+1}+\cos(x+y).$$

7.5.4 全微分形式不变性

设函数$z=f(u,v)$具有连续偏导数，$u=\varphi(x,y)$，$v=\psi(x,y)$都可微，则复合函数$z=f[\varphi(x,y),\psi(x,y)]$的全微分是$\mathrm{d}z=\frac{\partial z}{\partial x}\mathrm{d}x+\frac{\partial z}{\partial y}\mathrm{d}y$.

根据本节学习的复合函数的求导公式可得

$$\begin{aligned}\mathrm{d}z&=\left(\frac{\partial z}{\partial u}\cdot\frac{\partial u}{\partial x}+\frac{\partial z}{\partial v}\cdot\frac{\partial v}{\partial x}\right)\mathrm{d}x+\left(\frac{\partial z}{\partial u}\cdot\frac{\partial u}{\partial y}+\frac{\partial z}{\partial v}\cdot\frac{\partial v}{\partial y}\right)\mathrm{d}y\\&=\frac{\partial z}{\partial u}\left(\frac{\partial u}{\partial x}\mathrm{d}x+\frac{\partial u}{\partial y}\mathrm{d}y\right)+\frac{\partial z}{\partial v}\left(\frac{\partial v}{\partial x}\mathrm{d}x+\frac{\partial v}{\partial y}\mathrm{d}y\right)=\frac{\partial z}{\partial u}\mathrm{d}u+\frac{\partial z}{\partial v}\mathrm{d}v.\end{aligned}$$

由此可见，无论变量u，v是函数的自变量还是中间变量，$z=f(u,v)$的全微分形式是一样的，此性质叫作**一阶全微分形式不变性**.

例 7.5.8 利用全微分形式不变性求解例 7.5.3.

解 $\mathrm{d}z=\mathrm{d}(\mathrm{e}^u\sin v)=\mathrm{e}^u\sin v\mathrm{d}u+\mathrm{e}^u\cos v\mathrm{d}v$，

$\mathrm{d}u=\mathrm{d}(xy)=y\mathrm{d}x+x\mathrm{d}y$，$\mathrm{d}v=\mathrm{d}(x+y)=\mathrm{d}x+\mathrm{d}y$，

代入后并合并得

$$\mathrm{d}z=\left(\mathrm{e}^u\sin v\cdot y+\mathrm{e}^u\cos v\right)\mathrm{d}x+\left(\mathrm{e}^u\sin v\cdot x+\mathrm{e}^u\cos v\right)\mathrm{d}y,$$

即

$$\frac{\partial z}{\partial x}\mathrm{d}x+\frac{\partial z}{\partial y}\mathrm{d}y=\mathrm{e}^{xy}\left[y\sin(x+y)+\cos(x+y)\right]\mathrm{d}x+\mathrm{e}^{xy}\left[x\sin(x+y)+\cos(x+y)\right]\mathrm{d}y.$$

比较上式两边的系数，可得两个偏导数$\frac{\partial z}{\partial x}$和$\frac{\partial z}{\partial y}$与例 7.5.3 的结果一样.

7.6 隐函数求导法

在一元函数中，我们引入了隐函数的概念，并介绍了不经过显化而直接求由方程$F(x,y)=0$所确定的隐函数的导数的方法. 本节我们将给出隐函数存在定理，并利用多元复合函数的求导法则建立隐函数的求导公式.

定理 7.6.1 设函数$F(x,y)$在点$P_0(x_0,y_0)$的某一邻域内具有连续的偏导数，且$F(x_0,y_0)=0$，$F_y(x_0,y_0)\neq0$，则方程$F(x,y)=0$在点$P_0(x_0,y_0)$的某一邻域内恒能唯一确定一个单值连续且具有连续导数的函数$y=f(x)$，该函数满足$y_0=f(x_0)$，并有

$$\frac{\mathrm{d}y}{\mathrm{d}x}=-\frac{F_x}{F_y}.$$

定理证明从略，仅就求导公式作如下推导.

设 $y=f(x)$ 为方程 $F(x,y)=0$ 所确定的隐函数，因为 $F(x,f(x))\equiv 0$，且 $F(x,y)$ 在点 $P_0(x_0,y_0)$ 的某一邻域内具有连续的偏导数，所以在方程 $F(x,f(x))=0$ 两边同时对 x 求偏导数得

$$F_x+F_y\frac{\mathrm{d}y}{\mathrm{d}x}=0.$$

又 $F_y(x_0,y_0)\neq 0$，$F_y(x,y)$ 在 $P_0(x_0,y_0)$ 的某个邻域内连续，则由极限的保号性知，在 $P_0(x_0,y_0)$ 的某个邻域内 $F_y(x,y)\neq 0$. 于是在 $P_0(x_0,y_0)$ 的某一邻域内有

$$\frac{\mathrm{d}y}{\mathrm{d}x}=-\frac{F_x}{F_y}.$$

例 7.6.1 设 $\sin(xy)+\mathrm{e}^x=y^2$，求 $\frac{\mathrm{d}y}{\mathrm{d}x}$.

解 设 $F(x,y)=\sin(xy)+\mathrm{e}^x-y^2$，因为

$$F_x=y\cos(xy)+\mathrm{e}^x,\quad F_y=x\cos(xy)-2y,$$

所以

$$\frac{\mathrm{d}y}{\mathrm{d}x}=-\frac{F_x}{F_y}=\frac{y\cos(xy)+\mathrm{e}^x}{2y-x\cos(xy)}.$$

隐函数存在定理可以推广到多元函数的情形. 例如，一个三元方程

$$F(x,y,z)=0$$

有可能确定一个二元函数，我们有以下定理.

定理 7.6.2 设 $F(x,y,z)$ 在点 $P_0(x_0,y_0,z_0)$ 的某一邻域内具有连续的偏导数，且 $F(x_0,y_0,z_0)=0$，$F_z(x_0,y_0,z_0)\neq 0$，则方程 $F(x,y,z)=0$ 在点 $P_0(x_0,y_0,z_0)$ 的某一邻域内恒能唯一确定一个单值连续且具有连续偏导数的函数 $z=f(x,y)$，它满足条件 $z_0=f(x_0,y_0)$，并有

$$\frac{\partial z}{\partial x}=-\frac{F_x}{F_z},\quad \frac{\partial z}{\partial y}=-\frac{F_y}{F_z}.$$

定理的证明从略，仅就求导公式作如下推导.

设 $z=f(x,y)$ 为方程 $F(x,y,z)=0$ 所确定的隐函数，因为

$$F(x,y,f(x,y))\equiv 0,$$

所以在方程两边分别对 x，y 求偏导，可得

$$F_x + F_z \frac{\partial z}{\partial x} = 0\text{，}\quad F_y + F_z \frac{\partial z}{\partial y} = 0 .$$

又 $F_z\left(x_0, y_0, z_0\right) \neq 0$ ，$F_z\left(x, y, z\right)$ 在 $P_0\left(x_0, y_0, z_0\right)$ 的某个邻域内连续，则由极限的保号性知，在 $P_0\left(x_0, y_0, z_0\right)$ 的某个邻域内 $F_z\left(x, y, z\right) \neq 0$. 于是在 $P_0\left(x_0, y_0, z_0\right)$ 的某一邻域内有

$$\frac{\partial z}{\partial x} = -\frac{F_x}{F_z}\text{，}\quad \frac{\partial z}{\partial y} = -\frac{F_y}{F_z} .$$

例 7.6.2 设 $z^3 - 3xyz = 1$，求 $\dfrac{\partial z}{\partial x}$ 和 $\dfrac{\partial z}{\partial y}$.

解 设 $F\left(x, y, z\right) = z^3 - 3xyz - 1$ ，

$$F_x = -3yz\text{，}\quad F_y = -3xz\text{，}\quad F_z = 3z^2 - 3xy\text{，}$$

从而

$$\frac{\partial z}{\partial x} = -\frac{F_x}{F_z} = \frac{yz}{z^2 - xy}\text{，}\quad \frac{\partial z}{\partial y} = -\frac{F_y}{F_z} = \frac{xz}{z^2 - xy} .$$

7.7 多元函数的极值及其应用

多元函数的极值及其应用

在处理经济学、管理学、工程技术等问题中，往往会遇到求多元函数最大值与最小值的问题. 与一元函数的情形类似，二元函数的最大值、最小值与二元函数的极大值、极小值有密切联系. 下面我们以二元函数为例研究极值及其实际应用的问题.

7.7.1 二元函数的极值

定义 7.7.1 设函数 $z = f\left(x, y\right)$ 在点 $P_0\left(x_0, y_0\right)$ 的某一邻域内有定义，对于该邻域内异于 $P_0\left(x_0, y_0\right)$ 的任意一点 $P\left(x, y\right)$，如果

$$f\left(x, y\right) < f\left(x_0, y_0\right)\text{，}$$

则称函数 $f\left(x, y\right)$ 在 $P_0\left(x_0, y_0\right)$ 处有**极大值** $f\left(x_0, y_0\right)$，点 $P_0\left(x_0, y_0\right)$ 称为函数 $f\left(x, y\right)$ 的**极大值点**；如果

$$f\left(x, y\right) > f\left(x_0, y_0\right)\text{，}$$

则称函数 $f\left(x, y\right)$ 在 $P_0\left(x_0, y_0\right)$ 处有**极小值** $f\left(x_0, y_0\right)$，点 $P_0\left(x_0, y_0\right)$ 称为函数 $f\left(x, y\right)$ 的**极小值点**. 极大值、极小值统称为**极值**. 使得函数取得极值的点称为**极值点**.

例 7.7.1 函数 $z = 2x^2 + 3y^2$ 在点 $(0,0)$ 处有极小值. 因为在点 $(0,0)$ 处函数值为零，而对于点 $(0,0)$ 的任一邻域内异于 $(0,0)$ 的点，函数值都为正. 从几何上看，

$z=2x^2+3y^2$ 表示一开口向上的椭圆抛物面，点 $(0,0)$ 是它的顶点，如图 7.20 所示.

例 7.7.2　函数 $z=-\sqrt{x^2+y^2}$ 在点 $(0,0)$ 处有极大值．因为对于点 $(0,0)$ 的任一邻域内异于 $(0,0)$ 的点，函数值都为负，而在点 $(0,0)$ 处的函数值为零．从几何上看，$z=-\sqrt{x^2+y^2}$ 表示一开口向下的下半圆锥面，点 $(0,0)$ 是它的顶点，如图 7.21 所示.

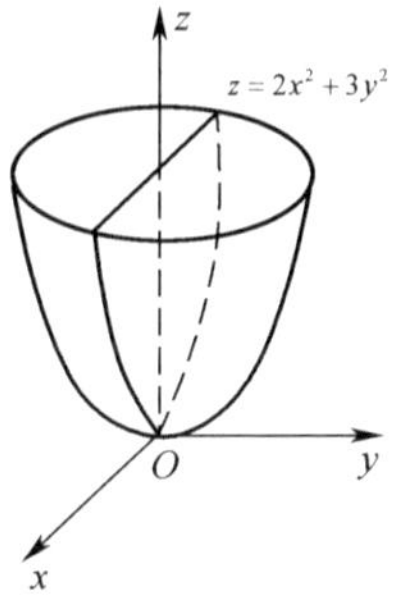

图 7.20

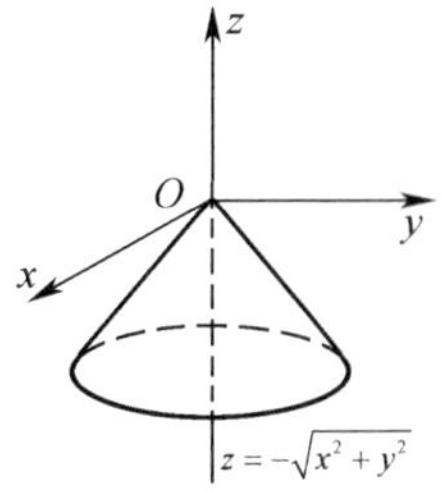

图 7.21

例 7.7.3　函数 $z=xy$ 在点 $(0,0)$ 处既不取得极大值也不取得极小值．因为在点 $(0,0)$ 处的函数值为零，而在点 $(0,0)$ 的任一邻域内总有使函数值为正的点，也有使函数值为负的点，如图 7.22 所示.

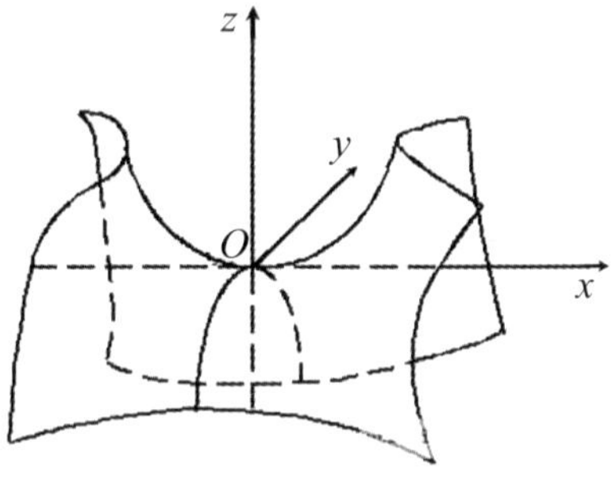

图 7.22

关于二元函数极值的概念可推广到 n 元函数．设 n 元函数 $u=f(P)$ 在点 P_0 的某一邻域内有定义，对于该邻域内异于 P_0 的任意一点 P，如果都有

$$f(P)<f(P_0)\quad（或 f(P)>f(P_0)），$$

则称函数 $f(P)$ 在 P_0 处有**极大值（或极小值）** $f(P_0)$.

由一元函数极值的必要条件可得出二元函数极值的必要条件.

定理 7.7.1（必要条件）　设函数 $z=f(x,y)$ 在点 $P_0(x_0,y_0)$ 处具有偏导数，且

在点 $P_0(x_0,y_0)$ 处有极值，则有

$$f_x(x_0,y_0)=0，\quad f_y(x_0,y_0)=0.$$

证明 不妨设 $z=f(x,y)$ 在点 $P_0(x_0,y_0)$ 处有极大值．根据极大值的定义，在点 $P_0(x_0,y_0)$ 的某邻域内异于 $P_0(x_0,y_0)$ 的点 $P(x,y)$ 都适合不等式

$$f(x,y)<f(x_0,y_0).$$

取 $y=y_0$，而 $x\neq x_0$，则

$$f(x,y_0)<f(x_0,y_0).$$

根据一元函数极大值的定义，$f(x,y_0)$ 在 $x=x_0$ 处取得极大值，因而必有

$$f_x(x_0,y_0)=0.$$

同理可证

$$f_y(x_0,y_0)=0.$$

能使 $f_x(x,y)=0$，$f_y(x,y)=0$ 同时成立的点 $P_0(x_0,y_0)$ 称为函数 $z=f(x,y)$ 的驻点．

类似地，如果三元函数 $u=f(x,y,z)$ 在点 $P_0(x_0,y_0,z_0)$ 处具有偏导数，则它在点 $P_0(x_0,y_0,z_0)$ 具有极值的必要条件为

$$f_x(x_0,y_0,z_0)=0,\ f_y(x_0,y_0,z_0)=0,\ f_z(x_0,y_0,z_0)=0.$$

根据定理 7.7.1 可知，偏导数存在的函数的极值点必定是驻点．但是函数的驻点不一定是极值点，例如，点 $(0,0)$ 是函数 $z=xy$ 的驻点，但函数在该点并无极值．

如何判定一个驻点是否为极值点呢？下面的定理回答了这个问题．

定理 7.7.2（充分条件） 设函数 $z=f(x,y)$ 在点 $P_0(x_0,y_0)$ 的某邻域内连续且具有一阶和二阶的连续偏导数，又 $f_x(x_0,y_0)=0$，$f_y(x_0,y_0)=0$，令

$$f_{xx}(x_0,y_0)=A，\quad f_{xy}(x_0,y_0)=B，\quad f_{yy}(x_0,y_0)=C，$$

则

（1）当 $AC-B^2>0$ 时，函数 $f(x,y)$ 在 $P_0(x_0,y_0)$ 处有极值，且当 $A>0$ 时有极小值 $f(x_0,y_0)$，当 $A<0$ 时有极大值 $f(x_0,y_0)$；

（2）当 $AC-B^2<0$ 时，函数 $f(x,y)$ 在 $P_0(x_0,y_0)$ 处无极值；

（3）当 $AC-B^2=0$ 时，函数 $f(x,y)$ 在 $P_0(x_0,y_0)$ 处可能有极值，也可能没有极值，需另作讨论．

证明从略．

例 7.7.4 求函数 $f(x,y)=x^3-y^3+3x^2+3y^2-9x$ 的极值．

解 $f_x=3x^2+6x-9$，$f_y=-3y^2+6y$，则令

$$\begin{cases} f_x = 3x^2 + 6x - 9 = 0, \\ f_y = -3y^2 + 6y = 0, \end{cases}$$

求得驻点 $(1,0)$，$(1,2)$，$(-3,0)$，$(-3,2)$.

再求出二阶偏导数

$$f_{xx} = 6x + 6，\quad f_{xy} = 0，\quad f_{yy} = -6y + 6 .$$

可得函数的极值情况如下表所列：

驻点	A	B	C	$AC-B^2$	结论
$(1,0)$	12	0	6	+	极小值 $f(1,0) = -5$
$(1,2)$	12	0	−6	−	无极值
$(-3,0)$	−12	0	6	−	无极值
$(-3,2)$	−12	0	−6	+	极大值 $f(-3,2) = 31$

注意：在讨论一元函数的极值问题时，我们知道，函数的极值既可能在驻点处取得，也可能在导数不存在的点处取得．同样，多元函数的极值也可能在个别偏导数不存在的点处取得．例如，在例 7.7.2 中，函数 $z = -\sqrt{x^2 + y^2}$ 在点 $(0,0)$ 处有极大值，但该函数在点 $(0,0)$ 处不存在偏导数．因此，在考虑函数的极值问题时，除了考虑函数的驻点外，还要考虑那些使偏导数不存在的点．

与一元函数类似，如果函数 $f(x,y)$ 在有界闭区域 D 上连续，则 $f(x,y)$ 在区域 D 上必定能取得最大值和最小值，且函数的最大值点或最小值点必在函数的极值点或在区域 D 的边界点上．因此只需求出 $f(x,y)$ 在各驻点和不可导点的函数值及在边界上的最大值和最小值，然后加以比较即可．

在通常遇到的实际问题中，如果根据问题的性质可以判断函数 $f(x,y)$ 的最大值（或最小值）一定在区域 D 的内部取得，而函数在区域 D 内只有一个驻点，则可以肯定该驻点处的函数值就是函数 $f(x,y)$ 在区域 D 上的最大值（或最小值）．

例 7.7.5　某工厂生产甲、乙两种产品，出售价格分别为 18 和 8（单位：万元），生产甲种产品为 x 及生产乙种产品为 y（单位：百件）的总成本函数为

$$C(x,y) = x^2 + xy + y^2 + 13x + y ,$$

求甲、乙两种产品各生产多少时所获得的总利润最大．

解　总收益为 $R(x,y) = 18x + 8y$，则总利润函数 $L(x,y) = R(x,y) - C(x,y)$，即

$$L(x,y) = 18x + 8y - (x^2 + xy + y^2 + 13x + y)，其中\ x \geqslant 0，\quad y \geqslant 0 .$$

且由

$$L'_x(x,y)=5-2x-y=0\,,\quad L'_y(x,y)=7-x-2y=0$$

得到唯一的驻点$(1,3)$．又因为

$$A=L''_{xx}(1,3)=-2,\ B=L''_{xy}(1,3)=-1,\ C=L''_{yy}(1,3)=-2\,,$$

$$AC-B^2=3>0,\ A=-2<0\,,$$

所以$(1,3)$为极大值点，则该点是最大值点，最大利润为$L(1,3)=13$，即生产甲种产品 100 件，乙种产品 300 件时所获得的利润最大，最大利润为 13 万元．

7.7.2 条件极值 拉格朗日乘数法

前面所讨论的极值问题，对于函数的自变量，除了限制在函数的定义域内之外，并无其他条件，所以称此极值为**无条件极值**．但在实际问题中，有时会遇到对函数的自变量还有附加条件的极值问题．

例如，求表面积为a^2而体积为最大的长方体的体积问题．

设长方体的长、宽、高分别为x，y，z，则体积$V=xyz$，又因假定表面积为a^2，所以自变量x，y，z还必须满足附加条件$2(xy+yz+xz)=a^2$．像这样对自变量有附加条件的极值称为条件极值．有些情况下，可将条件极值问题转化为无条件极值问题，如在上述问题中，可以从$2(xy+yz+xz)=a^2$中解出变量z关于变量x，y的表达式，并代入体积$V=xyz$的表达式中，即可将上述条件极值问题化为无条件极值问题．然而，一般地讲，这样做很不方便．我们另有一种直接寻求条件极值的方法，可以不必先把问题化为无条件极值的问题，这就是下面要介绍的**拉格朗日乘数法**．

首先，在条件

$$\varphi(x,y)=0 \tag{7.7.1}$$

下，求目标函数

$$z=f(x,y) \tag{7.7.2}$$

的极值．

假定在$P_0(x_0,y_0)$的某邻域内$f(x,y)$与$\varphi(x,y)$均有连续的一阶偏导数，而$\varphi_y(x,y)\neq 0$．由隐函数存在定理可知，方程（7.7.1）确定一个连续且具有连续导数的隐函数$y=\psi(x)$，将其代入（7.7.2）式，得到一个自变量为x的函数

$$z=f(x,\psi(x))\,. \tag{7.7.3}$$

于是所求条件极值问题就可以化为求函数$z=f(x,\psi(x))$的无条件极值问题．前面已说过，要从方程（7.7.1）解出y往往是困难的，这时可考虑用下面介绍的拉格

朗日乘数法.

设 $P_0(x_0,y_0)$ 为函数（7.7.3）的极值点，$z_0=f\left(x_0,\psi(x_0)\right)$，由一元函数取得极值的必要条件知

$$\left.\frac{\mathrm{d}z}{\mathrm{d}x}\right|_{x=x_0}=f_x(x_0,y_0)+f_y(x_0,y_0)\cdot\left.\frac{\mathrm{d}y}{\mathrm{d}x}\right|_{x=x_0}=0\,, \tag{7.7.4}$$

利用隐函数求导公式，有

$$\left.\frac{\mathrm{d}y}{\mathrm{d}x}\right|_{x=x_0}=-\frac{\varphi_x(x_0,y_0)}{\varphi_y(x_0,y_0)}.$$

把上式代入（7.7.4）式，得

$$f_x(x_0,y_0)-f_y(x_0,y_0)\cdot\frac{\varphi_x(x_0,y_0)}{\varphi_y(x_0,y_0)}=0\,,$$

即所求问题的解 (x_0,y_0) 必须满足关系式

$$\frac{f_x(x_0,y_0)}{\varphi_x(x_0,y_0)}=\frac{f_y(x_0,y_0)}{\varphi_y(x_0,y_0)}.$$

若将上式的公共比值记为 $-\lambda$，则 (x_0,y_0) 必须满足：

$$\begin{cases} f_x(x_0,y_0)+\lambda\varphi_x(x_0,y_0)=0, \\ f_y(x_0,y_0)+\lambda\varphi_y(x_0,y_0)=0. \end{cases} \tag{7.7.5}$$

因此，(x_0,y_0) 除了应满足约束条件（7.7.1）外，还应该满足方程组（7.7.5），换句话说，函数 $z=f(x,y)$ 在约束条件 $\varphi(x,y)=0$ 下的极值点 (x_0,y_0) 是下列方程组

$$\begin{cases} f_x(x,y)+\lambda\varphi_x(x,y)=0, \\ f_y(x,y)+\lambda\varphi_y(x,y)=0, \\ \varphi(x,y)=0 \end{cases} \tag{7.7.6}$$

的解. 容易看出，式（7.7.6）恰好是三个独立变量 x，y，λ 的函数

$$L(x,y,\lambda)=f(x,y)+\lambda\varphi(x,y)$$

取得极值的必要条件. 这里引进的函数 $L(x,y,\lambda)$ 称为拉格朗日函数，它将有约束条件的极值问题化为普通的无条件极值问题. 通过解方程组（7.7.6），得 x，y，λ，然后再研究相应的 (x,y) 是否真是问题的极值点. 这种方法就是所谓的拉格朗日乘数法.

注意： 拉格朗日乘数法只给出函数取极值的必要条件，因此，按照这种方法求出来的点是否为极值点，还需要加以讨论. 不过，在实际问题中，往往可以根据问题本身的性质来判定所求的点是不是极值点.

这个方法可推广到自变量多于两个而条件多于一个的情形. 例如，要求函数

$u=f(x,y,z,t)$ 在附加条件

$$\varphi(x,y,z,t)=0,\quad \psi(x,y,z,t)=0 \tag{7.7.7}$$

下的极值，可构造拉格朗日函数

$$L(x,y,z,t,\lambda,\mu)=f(x,y,z,t)+\lambda\varphi(x,y,z,t)+\mu\psi(x,y,z,t),$$

其中 λ, μ 均为参数. 求出 $L(x,y,z,t,\lambda,\mu)$ 关于变量 x，y，z，t 的一阶偏导数，并令其为零，然后联立条件（7.7.7）中的两个方程求解，这样得出的 (x,y,z,t) 就是函数 $f(x,y,z,t)$ 在附加条件（7.7.7）下可能的极值点.

例 7.7.6 求表面积为 a^2 而体积为最大的长方体的体积.

解 设长方体的长、宽、高分别为 x,y,z，则问题就是在条件

$$\varphi(x,y,z)=2xy+2yz+2xz-a^2=0$$

下，求函数

$$V=xyz\ \ (x,y,z>0)$$

的最大值. 构造拉格朗日函数

$$L(x,y,z,\lambda)=xyz+\lambda\left(2xy+2yz+2xz-a^2\right),$$

令

$$\begin{cases} L_x=yz+2\lambda(y+z)=0,\\ L_y=xz+2\lambda(x+z)=0,\\ L_z=xy+2\lambda(y+x)=0,\\ 2xy+2yz+2xz-a^2=0,\end{cases}$$

解此方程组得

$$x=y=z=\frac{\sqrt{6}}{6}a,$$

这是唯一可能的极值点. 由问题本身的意义知，最大值一定存在，所以最大值就在这个可能的极值点处取得. 也就是说，在表面积为 a^2 的长方体中，以棱长为 $\frac{\sqrt{6}}{6}a$ 的正方体的体积为最大，最大体积为 $\frac{\sqrt{6}}{36}a^3$.

7.8 数学拓展

7.8.1 数学建模——最优广告策略

某公司通过电视台和报纸两种方式做销售某种商品的广告，根据统计资料，

销售收入 R（万元）与电视台广告费用 x（万元）及报纸广告费用 y（万元）之间的关系有如下经验公式：$R(x,y)=15+14x+32y-8xy-2x^2-10y^2$.

（1）在广告费用不限的情况下，求最优广告策略；

（2）若提供的广告费用为1.5 万元，求相应的最优广告策略.

解　（1）总利润函数

$$
\begin{aligned}
L(x,y)&=15+14x+32y-8xy-2x^2-10y^2-(x+y)\\
&=15+13x+31y-8xy-2x^2-10y^2,
\end{aligned}
$$

由

$$
\begin{cases}
L_x=-4x-8y+13=0,\\
L_y=-8x-20y+31=0,
\end{cases}
$$

得唯一驻点 $(0.75,1.25)$. 因驻点唯一，且实际问题必有最大值，故最大值必在驻点处达到，所以投入电视台广告费用为0.75 万元、投入报纸广告费用为1.25 万元时可获得最大利润，此即为广告费用不限情况下的最优广告策略.

（2）若广告费用为1.5 万元，则需要求利润函数

$$L(x,y)=15+13x+31y-8xy-2x^2-10y^2$$

在 $x+y=1.5$ 时的条件极值，构造拉格朗日函数为

$$L(x,y,\lambda)=15+13x+31y-8xy-2x^2-10y^2+\lambda(x+y-1.5),$$

由

$$
\begin{cases}
L_x=-4x-8y+13+\lambda=0,\\
L_y=-8x-20y+31+\lambda=0,\\
L_\lambda=x+y-1.5=0,
\end{cases}
$$

得唯一驻点 $(0,1.5)$. 因驻点唯一，且实际问题必有最大值，故最大值必在驻点处达到，所以将广告费1.5 万元全部用于报纸广告可使利润最大，此即为提供的广告费用为1.5 万元情况下的最优广告策略.

7.8.2　数学家简介——笛卡尔

“数学中的转折点是笛卡尔的变数，有了变数，运动进入了数学，有了变数，辩证法进入了数学，有了变数，微分和积分也就立刻成为必要的了.”

——恩格斯

“我思故我在.”

——笛卡尔

勒内·笛卡尔（Rene Descartes，1596—1650），法国数学家，哲学家，物理

学家，生理学家，1596 年 3 月 31 日生于法国一个富有的律师家庭，年仅 1 岁母亲就去世了．他自幼体弱多病，患有慢性气管炎，被允许早晨在床上读书，养成了宁静好思的习惯．1612 年从法国最好的学校之一——拉费里舍的耶稣会学校毕业，同年去普瓦捷大学攻读法学，1616 年获该校博士学位．笛卡尔最杰出的成就是在数学发展上创立了解析几何学．在笛卡尔时代，代数还是一个比较新的学科，几何学的思维还在数学家的头脑中占有统治地位．笛卡尔致力于代数和几何联系起来的研究，于 1637 年创立了坐标系后，成功地创立了解析几何学．他的这一成就为微积分的创立奠定了基础．解析几何直到现在仍是数学中最基本的学科之一．笛卡尔不仅提出了解析几何学的主要思想方法，还指明了其发展方向．他在《几何学》中，将逻辑、几何、代数方法结合起来，通过讨论作图问题，勾勒出解析几何的新方法．从此，数和形就走到了一起，数轴是数和形的第一次接触．解析几何的创立是数学史上一次划时代的转折．

笛卡尔在科学上的贡献是多方面的．但他的哲学思想和方法论，在其一生活动中则占有更重要的地位．他的哲学思想对哲学和科学的发展产生了极大的影响．

笛卡尔强调科学的目的在于造福人类，使人成为自然界的主人和统治者．他反对经院哲学和神学，提出怀疑一切的“系统怀疑的方法”．但他还提出了“我思故我在”的原则，强调不能怀疑以思维为其属性的独立的精神实体的存在，并论证以广延为其属性的独立物质实体的存在．他认为上述两实体都是有限实体，把它们并列起来，这说明了在形而上学或本体论上，笛卡尔是典型的二元论者．笛卡尔还试图证明无限实体，即上帝的存在．他认为上帝是有限实体的创造者和终极的原因．笛卡尔的认识论基本上是唯心主义的．他主张唯理论，把几何学的推理方法和演绎法应用于哲学上，认为清晰明白的概念就是真理，提出了“天赋观念”．

笛卡尔靠着天才的直觉和严密的数学推理，在物理学方面做出了有益的贡献．从 1619 年读了开普勒的光学著作后，笛卡尔就一直关注着透镜理论；并从理论和实践两方面参与了对光的本质、反射率与折射率以及磨制透镜的研究．他把光的理论视为整个知识体系中最重要的部分．

笛卡尔运用他的坐标几何学知识从事光学研究，在《屈光学》中第一次对折射定律提出了理论上的推证．他认为光是压力在以太中的传播，他从光的发射论的观点出发，用网球打在布面上的模型来计算光在两种媒质分界面上的反射、折射和全反射，从而首次在假定平行于界面的速度分量不变的条件下导出折射定律；

不过他的假定条件是错误的，他的推证得出了光由光疏媒质进入光密媒质时速度增大的错误结论．他还对人眼进行光学分析，解释了视力失常的原因是晶状体变形，设计了矫正视力的透镜．

笛卡尔把他的机械论观点应用到天体研究，发展了宇宙演化论，形成了他关于宇宙发生与构造的学说．他认为，从发展的观点来看而不只是从已有的形态来观察，对事物更易于理解．他创立了漩涡说，他认为太阳的周围有巨大的漩涡，带动着行星不断运转．物质的质点处于统一的漩涡之中，在运动中分化出土、空气和火三种元素，土形成行星，火则形成太阳和恒星．

第8章　二重积分

对面积、体积、质量等几何量或物理量的计算导出了定积分概念．在一元函数定积分的基础上建立起来的二重积分因更接近于客观对象，故能处理更一般的问题．二重积分和定积分一样，都是用和式的极限定义的．但是，由于定积分的积分域通常只是区间，而二重积分的积分域则是平面区域，所以积分区域的恰当表示和积分顺序的合理选择是保证二重积分计算过程简捷正确的关键．本章首先介绍二重积分的概念与性质，然后重点介绍二重积分的计算方法．

【学习目标】

- 了解二重积分的概念与性质，掌握在直角坐标系下计算二重积分的三种方法．
- 能够利用极坐标转换计算特殊形式的二重积分．

8.1　二重积分的概念与性质

二重积分的概念与性质

8.1.1　二重积分的概念

1．曲顶柱体的体积

设有一空间立体，它的底是 xOy 面上的闭区域 D，它的侧面是以区域 D 的边界曲线为准线，母线平行于 z 轴的柱面，它的顶是曲面 $z=f\left(x,y\right)$，这里 $f\left(x,y\right)\geqslant 0$ 且在区域 D 上连续（图 8.1），称这种立体为**曲顶柱体**．现在我们来讨论如何计算上述曲顶柱体的体积 V．

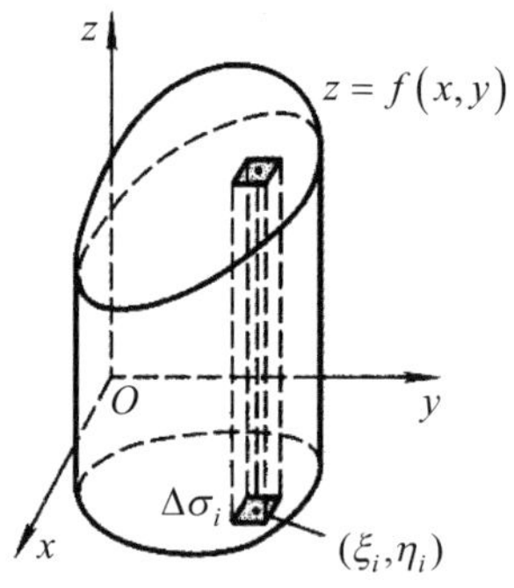

图 8.1

我们知道，平顶柱体的体积可以用公式：**体积＝高×底面积** 来计算．对于曲顶柱体，当点(x,y)在区域D上变动时，高度$f(x,y)$是个变量，因此它的体积不能直接用上式来计算．但如果利用第 5 章中求曲边梯形面积的方法，问题就可以解决，具体步骤如下：

（1）分割．用任意一组曲线网把区域D分割成n个小区域

$$\Delta\sigma_1,\Delta\sigma_2,\cdots,\Delta\sigma_n .$$

分别以这些小区域的边界曲线为准线，作母线平行于z轴的柱面，这些柱面将原来的曲顶柱体分成n个小曲顶柱体，第i个小曲顶柱体的体积记为ΔV_i．

（2）近似．由于函数$f(x,y)$连续，在每个$\Delta\sigma_i$（这里$\Delta\sigma_i$既代表第i个小区域，又表示它的面积值）中，$f(x,y)$变化不大，因此任取一点$(\xi_i,\eta_i)\in\Delta\sigma_i$，则$\Delta V_i$可以用以$f(\xi_i,\eta_i)$为高，以$\Delta\sigma_i$为底的平顶柱体的体积近似代替，即

$$\Delta V_i \approx f(\xi_i,\eta_i)\,\Delta\sigma_i \ (i=1,2,\cdots,n).$$

（3）求和．对这n个平顶柱体的体积求和，得到整个曲顶柱体体积的近似值

$$V=\sum_{i=1}^{n}\Delta V_i \approx \sum_{i=1}^{n} f(\xi_i,\eta_i)\Delta\sigma_i .$$

（4）取极限．当分割越来越细，即让n个小区域的**直径**（区域上任意两点间距离的最大值）的最大值（记作λ）趋于零时，取上述和的极限就是所求曲顶柱体的体积V，即

$$V=\lim_{\lambda\to 0}\sum_{i=1}^{n} f(\xi_i,\eta_i)\Delta\sigma_i .$$

从这个例子可以看出，曲顶柱体的体积最终归结为一个二元函数所构成的和式的极限，将这种思想归纳，即可抽象出二重积分的概念．

2．二重积分的定义

定义 8.1.1　设$f(x,y)$是有界闭区域D上的有界函数．若将区域D任意分割成n个小区域$\Delta\sigma_1,\Delta\sigma_2,\cdots,\Delta\sigma_n$，其中$\Delta\sigma_i$即表示第$i$个小区域，也表示它的面积．设$\lambda$为所有$\Delta\sigma_i$的直径的最大值，在每个小区域$\Delta\sigma_i$上任取一点$(\xi_i,\eta_i)$，做乘积$f(\xi_i,\eta_i)\,\Delta\sigma_i$，并做和式$\sum\limits_{i=1}^{n} f(\xi_i,\eta_i)\Delta\sigma_i$，如果当$\lambda\to 0$时，不论$D$如何划分，$(\xi_i,\eta_i)$如何选取，和式的极限总存在且相等，则称此极限值为函数$f(x,y)$在闭区域D上的**二重积分**，记作$\iint\limits_D f(x,y)\mathrm{d}\sigma$，即

$$\iint\limits_D f(x,y)\mathrm{d}\sigma=\lim_{\lambda\to 0}\sum_{i=1}^{n} f(\xi_i,\eta_i)\Delta\sigma_i . \tag{8.1.1}$$

其中，$f(x,y)$称为**被积函数**；$f(x,y)\mathrm{d}\sigma$ 称为**被积表达式**；$\mathrm{d}\sigma$ 称为**面积元素**；x，y 称为**积分变量**；D 称为**积分区域**；$\sum_{i=1}^{n} f(\xi_i,\eta_i)\Delta\sigma_i$ 称为**积分和**.

很明显，二重积分是定积分在二元函数情形下的推广.

注意：（1）和定积分一样，二重积分的结果是个常数，只与被积函数 $f(x,y)$ 和积分区域 D 有关，与区域 D 的划分方法及点 (ξ_i,η_i) 的选取无关（因此在实际计算二重积分时，常采用特殊的划分方法和点的选取方式），也与变量的符号无关，即

$$\iint_D f(x,y)\mathrm{d}\sigma=\iint_D f(u,v)\mathrm{d}\sigma=\iint_D f(s,t)\mathrm{d}\sigma .$$

（2）若函数 $f(x,y)$ 在有界闭区域 D 上可积，则 $f(x,y)$ 在 D 上一定有界.

（3）从定义不难看出，若在 D 上 $f(x,y)\equiv 1$，$S(D)$ 为区域 D 的面积，则

$$\iint_D \mathrm{d}\sigma=S(D).$$

（4）由二重积分的定义可知，曲顶柱体的体积 V 是函数 $f(x,y)$ 在底面区域 D 上的二重积分，即

$$V=\iint_D f(x,y)\mathrm{d}x\mathrm{d}y .$$

二重积分记号 $\iint_D f(x,y)\mathrm{d}\sigma$ 中的面积元素 $\mathrm{d}\sigma$ 象征着积分和中的 $\Delta\sigma_i$，根据二重积分的定义，其值和区域 D 的分法无关. 在直角坐标系中如果用平行于坐标轴的直线网格来分割区域 D，除包含边界点的一些小闭区域之外，其余的小闭区域皆为矩形闭区域. 从中任取一个矩形闭区域 $\Delta\sigma_i$ 的边长为 Δx_j 和 Δy_k，其面积可表示为 $\Delta x_j\cdot\Delta y_k$. 因此，在直角坐标系中，有时也把面积元素 $\mathrm{d}\sigma$ 记作 $\mathrm{d}x\mathrm{d}y$，从而把二重积分记作

$$\iint_D f(x,y)\mathrm{d}\sigma=\iint_D f(x,y)\mathrm{d}x\mathrm{d}y .$$

定理 8.1.1 当 $f(x,y)$ 在有界闭区域 D 上连续时，函数 $f(x,y)$ 在区域 D 上的二重积分必定存在，也称为 $f(x,y)$ 在区域 D 上可积.

并且可进一步证明，如果用一些分段光滑的曲线将区域 D 分成有限多个小区域，而函数 $f(x,y)$ 在每个小区域内均连续，则 $f(x,y)$ 在区域 D 上的二重积分也是存在的.

3. 二重积分的几何意义

（1）如果被积函数 $f(x,y)\geqslant 0$，二重积分 $\iint_D f(x,y)\mathrm{d}\sigma$ 的几何意义就是以 D

为底，以曲面 $z=f(x,y)$ 为顶的曲顶柱体的体积；

（2）如果 $f(x,y)\leqslant 0$，曲顶柱体就在 xOy 面的下方，二重积分的绝对值仍等于曲顶柱体的体积，但二重积分的值是负值；

（3）如果 $f(x,y)$ 在 D 上若干区域是正的，在其他区域是负的，我们可以把 xOy 面上方的曲顶柱体体积取成正的，把 xOy 面下方的曲顶柱体体积取成负的，那么 $f(x,y)$ 在 D 上的二重积分就等于这些部分区域的柱体体积的代数和.

例 8.1.1　计算积分 $I=\iint\limits_D \sqrt{R^2-x^2-y^2}\,\mathrm{d}\sigma$，其中 $D=\{(x,y)\,|\,x^2+y^2\leqslant R^2\}$.

解　由二重积分的几何意义知，积分值等于以积分区域

$$D=\{(x,y)\,|\,x^2+y^2\leqslant R^2\}$$

为底，以被积函数 $z=\sqrt{R^2-x^2-y^2}$ 为顶的曲顶柱体的体积，如图 8.2 所示，即球心在原点，半径为 R 的球体的上半部分的体积值，由球体体积公式知 $I=\dfrac{2}{3}\pi R^3$.

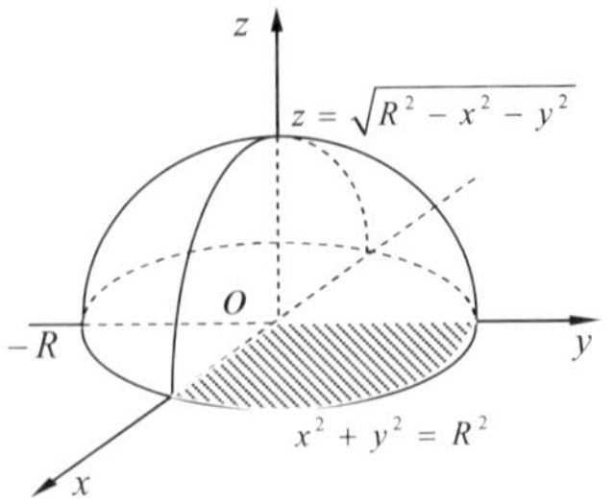

图 8.2

8.1.2　二重积分的性质

比较二重积分和定积分的定义可以得到，这两种积分是同一类型的和式的极限，所以二重积分有着与定积分相类似的性质.

性质 8.1.1（线性性质）　设 α,β 为常数，如果函数 $f(x,y)$，$g(x,y)$ 在有界闭区域 D 上可积，则

$$\iint\limits_D[\alpha f(x,y)+\beta g(x,y)]\mathrm{d}\sigma=\alpha\iint\limits_D f(x,y)\mathrm{d}\sigma+\beta\iint\limits_D g(x,y)\mathrm{d}\sigma.$$

性质 8.1.2（积分区域的可加性）　如果函数 $f(x,y)$ 在有界闭区域 D 上可积，用曲线将区域 D 分为两个除边界外不相交的部分区域 D_1,D_2，则 $f(x,y)$ 在 D_1,D_2 上也都可积，且

$$\iint\limits_D f(x,y)\mathrm{d}\sigma=\iint\limits_{D_1} f(x,y)\mathrm{d}\sigma+\iint\limits_{D_2} f(x,y)\mathrm{d}\sigma.$$

性质 8.1.3 如果函数 $f(x,y)$，$g(x,y)$ 在有界闭区域 D 上可积，且在 D 上恒有 $f(x,y)\geqslant g(x,y)$，则

$$\iint_D f(x,y)\mathrm{d}\sigma \geqslant \iint_D g(x,y)\mathrm{d}\sigma .$$

性质 8.1.4 如果函数 $f(x,y)$ 在有界闭区域 D 上可积，则 $|f(x,y)|$ 在 D 上也可积，且

$$\iint_D |f(x,y)|\mathrm{d}\sigma \geqslant \left|\iint_D f(x,y)\mathrm{d}\sigma\right|.$$

例 8.1.2 比较积分 $I_1=\iint_D (x+y)^2\mathrm{d}\sigma$ 与 $I_2=\iint_D (x+y)^3\mathrm{d}\sigma$，其中区域 D 由 x 轴、y 轴及直线 $x+y=1$ 围成.

解 在有界闭区域 $D=\{(x,y)|0\leqslant x+y\leqslant 1\}$ 上，被积函数 $f(x,y)=(x+y)^2$ 与 $g(x,y)=(x+y)^3$ 都是连续的，从而在区域 D 上可积，且在区域 D 上 $(x+y)^2\geqslant(x+y)^3$ 恒成立，则由性质 8.1.3 可得

$$\iint_D (x+y)^2\mathrm{d}\sigma \geqslant \iint_D (x+y)^3\mathrm{d}\sigma .$$

性质 8.1.5（估值定理） 如果函数 $f(x,y)$ 在有界闭区域 D 上可积，设 M 与 m 分别是 $f(x,y)$ 在有界闭区域 D 上的最大值和最小值，$S(D)$ 是区域 D 的面积，则

$$m\cdot S(D)\leqslant \iint_D f(x,y)\mathrm{d}\sigma \leqslant M\cdot S(D) .$$

此性质用来估计二重积分值的范围.

例 8.1.3 不作计算，利用估值定理估计二重积分 $I=\iint_D \mathrm{e}^{x^2+y^2}\mathrm{d}\sigma$ 的取值范围，其中 D 是椭圆闭区域：$\dfrac{x^2}{a^2}+\dfrac{y^2}{b^2}\leqslant 1$（$a>b$）.

解 被积函数 $f(x,y)=\mathrm{e}^{x^2+y^2}$ 在区域 D 上是连续的，从而是可积的. 椭圆闭区域 D 的面积 $S(D)=ab\pi$，在区域 D 上因为 $0\leqslant x^2+y^2\leqslant a^2$，所以

$$1=\mathrm{e}^0\leqslant \mathrm{e}^{x^2+y^2}\leqslant \mathrm{e}^{a^2} ,$$

由性质 8.1.5 知，

$$S(D)\cdot 1\leqslant \iint_D \mathrm{e}^{x^2+y^2}\mathrm{d}\sigma \leqslant S(D)\cdot \mathrm{e}^{a^2} ,$$

即

$$\pi ab\leqslant \iint_D \mathrm{e}^{x^2+y^2}\mathrm{d}\sigma \leqslant \pi ab\mathrm{e}^{a^2} .$$

性质 8.1.6（二重积分的中值定理） 设函数 $f(x,y)$ 在有界闭区域 D 上连续，

记 $S(D)$ 是 D 的面积，则在区域 D 上至少存在一点 (ξ,η)（图 8.3），使得

$$\iint\limits_D f(x,y)\mathrm{d}\sigma = f(\xi,\eta)\cdot S(D).$$

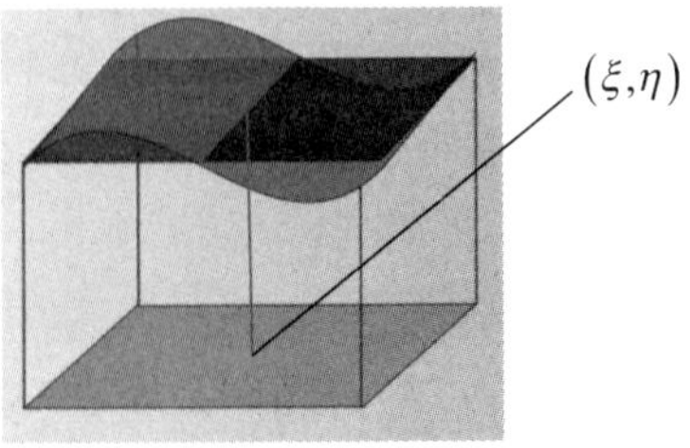

图 8.3

利用性质 8.1.5 和闭区间上连续函数的介值定理可证明此性质. 读者可自己试着证明. 我们可对比定积分的中值定理来理解其意义，$f(\xi,\eta)$ 为 $f(x,y)$ 在区域 D 上的平均值.

8.2　二重积分的计算

本节我们讨论一般的二重积分的计算方法. 在被积函数连续的条件下，计算二重积分比较有效的一种方法是将二重积分化为两次定积分来计算，转化后的两次定积分称为**二次积分**或者**累次积分**. 在进行上述计算的时候，根据积分区域和被积函数的具体情况，有时利用直角坐标系比较方便，有时则利用极坐标系比较方便. 下面我们分别加以讨论，讨论时总假设被积函数 $f(x,y)$ 在积分区域 D 上是连续的.

8.2.1　利用直角坐标系计算二重积分

利用直角坐标系计算二重积分

1. 二重积分的计算

首先介绍 X 型区域和 Y 型区域的概念，然后具体讨论直角坐标系下二重积分的计算.

X 型区域表示为

$$\{(x,y)|a\leqslant x\leqslant b,\varphi_1(x)\leqslant y\leqslant \varphi_2(x)\},$$

其中函数 $\varphi_1(x)$，$\varphi_2(x)$ 在区间 $[a,b]$ 上连续. 这种区域的特点是穿过此区域内部且垂直于 x 轴的直线与该区域的边界相交不多于两个交点，如图 8.4 所示.

Y 型区域表示为

$$\{(x,y)|c\leqslant y\leqslant d,\psi_1(y)\leqslant x\leqslant \psi_2(y)\},$$

其中函数$\psi_1(y)$，$\psi_2(y)$在区间$[c,d]$上连续．这种区域的特点是穿过此区域且垂直于y轴的直线与该区域的边界相交不多于两个交点，如图 8.5 所示．

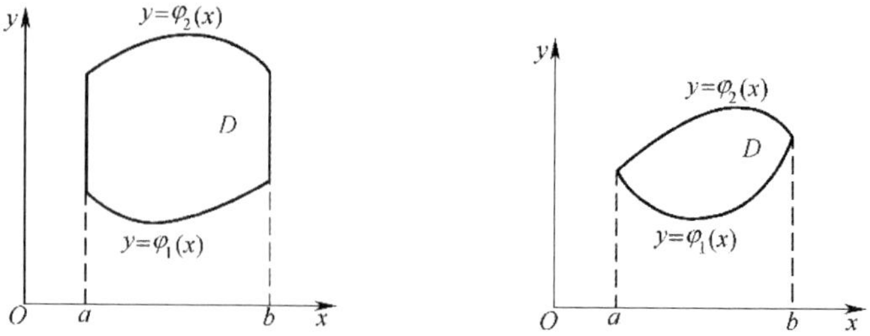

图 8.4

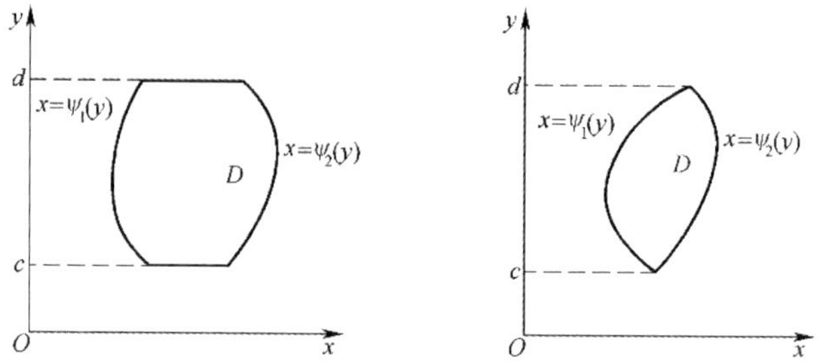

图 8.5

下面用二重积分的几何意义来讨论直角坐标系下二重积分$\iint\limits_D f(x,y)\mathrm{d}\sigma$的计算．在讨论中我们假定$f(x,y)\geqslant 0$，积分区域$D$是$X$型区域：

$$D=\{(x,y)|a\leqslant x\leqslant b,\varphi_1(x)\leqslant y\leqslant\varphi_2(x)\}.$$

由二重积分的几何意义知，二重积分$\iint\limits_D f(x,y)\mathrm{d}\sigma$的值等于以$D$为底，以曲面$z=f(x,y)$为顶的曲顶柱体的体积，如图 8.6 所示．

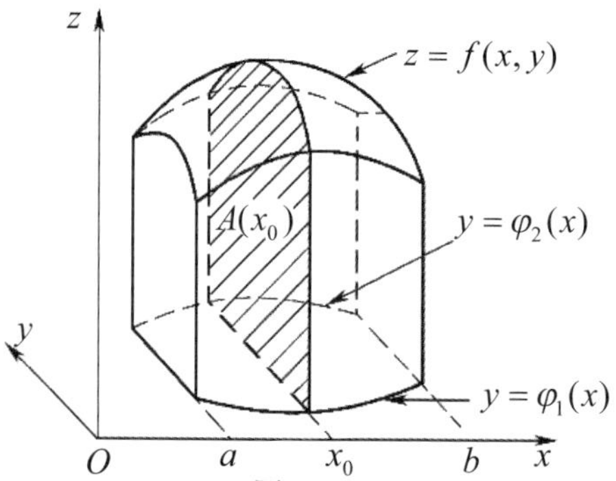

图 8.6

下面我们应用第 5 章中计算“**平行截面面积为已知的立体的体积**”的方法来计算这个曲顶柱体的体积.

首先计算截面面积. 在区间$[a,b]$上任意取定一点x_0，作平行于yOz面的平面$x=x_0$. 这个平面截曲顶柱体所得的截面是一个以区间$\left[\varphi_1(x_0),\varphi_2(x_0)\right]$为底，以曲线$z=f(x_0,y)$为曲边的曲边梯形（图 8.6 中的阴影部分），所以这个截面的面积为

$$A(x_0)=\int_{\varphi_1(x_0)}^{\varphi_2(x_0)}f(x_0,y)\mathrm{d}y.$$

一般地，过区间$[a,b]$上任一点x平行于yOz面的平面截曲顶柱体的截面的面积为

$$A(x)=\int_{\varphi_1(x)}^{\varphi_2(x)}f(x,y)\mathrm{d}y.$$

然后，应用计算平行截面面积为已知的立体体积的方法，得曲顶柱体体积为

$$V=\int_a^b A(x)\mathrm{d}x=\int_a^b\left[\int_{\varphi_1(x)}^{\varphi_2(x)}f(x,y)\mathrm{d}y\right]\mathrm{d}x.$$

这个体积也就是所求二重积分的值，从而有等式

$$\iint_D f(x,y)\mathrm{d}\sigma=\int_a^b\left[\int_{\varphi_1(x)}^{\varphi_2(x)}f(x,y)\mathrm{d}y\right]\mathrm{d}x.\tag{8.2.1}$$

上式右端的积分称为先对y、后对x的**二次积分**. 就是说，先把x看作常数，把$f(x,y)$只看作y的函数，并对y计算从$\varphi_1(x)$到$\varphi_2(x)$的定积分，得x的函数$A(x)=\int_{\varphi_1(x)}^{\varphi_2(x)}f(x,y)\mathrm{d}y$；然后把算得的结果$A(x)$再对$x$计算在区间$[a,b]$上的定积分. 这个先对$y$、后对$x$的二次积分也常记作

$$\int_a^b\mathrm{d}x\int_{\varphi_1(x)}^{\varphi_2(x)}f(x,y)\mathrm{d}y.$$

因此等式（8.2.1）也写作

$$\iint_D f(x,y)\mathrm{d}\sigma=\int_a^b\mathrm{d}x\int_{\varphi_1(x)}^{\varphi_2(x)}f(x,y)\mathrm{d}y.\tag{8.2.2}$$

注意：不要将$\int_a^b\mathrm{d}x\int_{\varphi_1(x)}^{\varphi_2(x)}f(x,y)\mathrm{d}y$误解为$\left(\int_a^b\mathrm{d}x\right)\cdot\left(\int_{\varphi_1(x)}^{\varphi_2(x)}f(x,y)\mathrm{d}y\right)$，而是

$$\int_a^b\mathrm{d}x\int_{\varphi_1(x)}^{\varphi_2(x)}f(x,y)\mathrm{d}y=\int_a^b\left[\int_{\varphi_1(x)}^{\varphi_2(x)}f(x,y)\mathrm{d}y\right]\mathrm{d}x.$$

在上述讨论中，我们假定$f(x,y)\geqslant 0$，但实际上公式（8.2.1）和公式（8.2.2）的成立并不受此条件的限制.

类似地，如果积分区域D是Y型区域：

$$D=\left\{(x,y)\middle|\ c\leqslant y\leqslant d,\ \psi_1(y)\leqslant x\leqslant\psi_2(y)\right\},$$

则有

$$\iint\limits_D f(x,y)\mathrm{d}\sigma = \int_c^d \mathrm{d}y \int_{\psi_1(y)}^{\psi_2(y)} f(x,y)\mathrm{d}x \,. \tag{8.2.3}$$

上式右端的积分称为先对 x 、后对 y 的**二次积分**.

公式（8.2.2）和公式（8.2.3）即为二重积分化为二次积分的基本计算公式.

如果积分区域 D 既不是 X 型区域也不是 Y 型区域（图 8.7），我们可以将它分割成若干块 X 型区域或 Y 型区域，然后在每块区域上分别应用公式（8.2.2）或公式（8.2.3），再根据二重积分对积分区域的可加性，即可计算所给的二重积分.

如果积分区域 D 既是 X 型区域又是 Y 型区域（图 8.8），则有

$$\int_a^b \mathrm{d}x \int_{\varphi_1(x)}^{\varphi_2(x)} f(x,y)\mathrm{d}y = \int_c^d \mathrm{d}y \int_{\psi_1(y)}^{\psi_2(y)} f(x,y)\mathrm{d}x \,. \tag{8.2.4}$$

上式表明，这两个不同积分次序的二次积分相等. 这个结果使我们在具体计算某一个二重积分时，可以有选择地将其化为其中一种二次积分，以使计算更为简单.

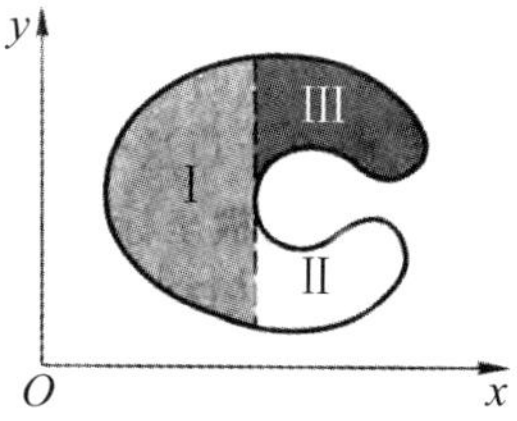

图 8.7

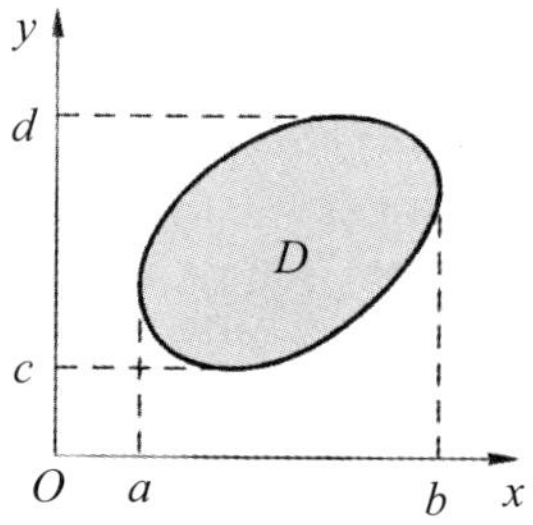

图 8.8

注意：（1）积分区域为 X 型区域时，要先对 y 后对 x 积分，内层积分由下方边界曲线 $\varphi_1(x)$ 到上方边界曲线 $\varphi_2(x)$，外层积分由左到右积分，即公式（8.2.2）.

（2）积分区域为 Y 型区域时，要先对 x 后对 y 积分，内层积分由左方边界曲线 $\psi_1(y)$ 到右方边界曲线 $\psi_2(y)$，外层积分由下到上积分，即公式（8.2.3）.

例 8.2.1 计算二重积分 $I = \iint\limits_D xy\mathrm{d}\sigma$，其中 D 是由直线 $y=1$， $y=x$ 及 $x=2$ 所围成的闭区域.

解 方法 1 首先画出积分区域 D，如图 8.9 所示.

显然 D 既是 X 型区域也是 Y 型区域. 如果将积分区域 D 看作 X 型区域［图 8.9（a）］，则先确定 D 中点的横坐标 x 的变化范围是区间 $[1,2]$；然后任取一个 $x \in [1,2]$，过点 $(x,0)$ 作平行于 y 轴的直线，这条直线与区域 D 的下方边界的交点

的纵坐标是 $y=1$，与区域 D 的上方边界的交点的纵坐标是 $y=x$，则 D 可表示为：

$$D=\{(x,y)\mid 1\leqslant x\leqslant 2,1\leqslant y\leqslant x\}.$$

因此

$$I=\int_1^2 dx\int_1^x xydy=\int_1^2\left[x\cdot\frac{y^2}{2}\right]_1^x dx=\int_1^2\left(\frac{x^3}{2}-\frac{x}{2}\right)dx=\frac{9}{8}.$$

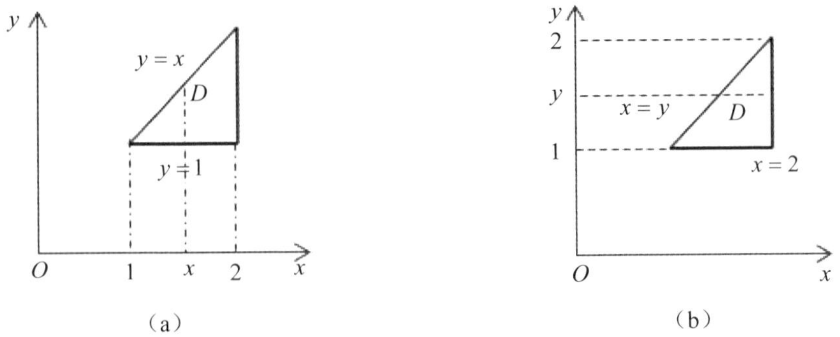

图 8.9

方法 2　如果将积分区域 D 看作 Y 型区域［图 8.9（b）］，则先确定 D 中点的纵坐标 y 的变化范围是区间 $[1,2]$；然后任取一个 $y\in[1,2]$，过点 $(0,y)$ 作平行于 x 轴的直线，这条直线与区域 D 的左方边界的交点的横坐标是 $x=y$，与区域 D 的右方边界的交点的横坐标是 $x=2$，则 D 可表示为：

$$D=\{(x,y)\mid 1\leqslant y\leqslant 2,y\leqslant x\leqslant 2\}.$$

因此

$$I=\int_1^2 dy\int_y^2 xydx=\int_1^2\left[y\cdot\frac{x^2}{2}\right]_y^2 dy=\int_1^2\left(2y-\frac{y^3}{2}\right)dy=\frac{9}{8}.$$

例 8.2.2　计算二重积分 $I=\iint\limits_D xyd\sigma$，其中 D 是由 $y^2=x$ 及 $y=x-2$ 所围成的闭区域.

解　方法 1　首先画出积分区域 D，如图 8.10 所示.

易见区域 D 既是 X 型区域也是 Y 型区域. 如果将积分区域 D 看作 Y 型区域，则先确定 D 中点的纵坐标 y 的变化范围是区间 $[-1,2]$；任取一个 $y\in[-1,2]$，过点 $(0,y)$ 作平行于 x 轴的直线，与区域 D 的左方边界的交点的横坐标是 $x=y^2$，与区域 D 的右方边界的交点的横坐标是 $x=y+2$，则 D 可表示为

$$D=\{(x,y)\mid -1\leqslant y\leqslant 2,y^2\leqslant x\leqslant y+2\}.$$

因此

$$I=\int_{-1}^{2}\mathrm{d}y\int_{y^2}^{y+2}xy\mathrm{d}x=\int_{-1}^{2}\left[y\cdot\frac{x^2}{2}\right]_{y^2}^{y+2}\mathrm{d}y=\frac{1}{2}\int_{-1}^{2}\left[y(y+2)^2-y^5\right]\mathrm{d}y=\frac{45}{8}.$$

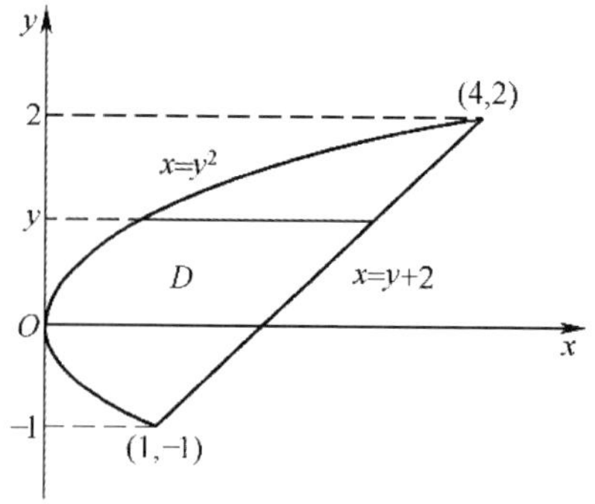

图 8.10

方法 2 如果将积分区域 D 看作 X 型区域，则需将区域 D 分成 D_1 和 D_2 两部分，如图 8.11 所示．先确定 D_1 中点的横坐标 x 的变化范围是区间 $[0,1]$；然后任取一个 $x\in[0,1]$，过点 $(x,0)$ 作平行于 y 轴的直线，这条直线与 D 的下方边界的交点的纵坐标是 $y=-\sqrt{x}$，与 D 的上方边界的交点的纵坐标是 $y=\sqrt{x}$，则 D_1 可表示为

$$D_1=\left\{(x,y)\middle|\,0\leqslant x\leqslant 1,-\sqrt{x}\leqslant y\leqslant\sqrt{x}\right\};$$

再确定 D_2 中点的横坐标 x 的变化范围是区间 $[1,4]$；然后任取一个 $x\in[1,4]$，过点 $(x,0)$ 作平行于 y 轴的直线，这条直线与 D 的下方边界的交点的纵坐标是 $y=x-2$，与 D 的上方边界的交点的纵坐标是 $y=\sqrt{x}$，则 D_2 可表示为

$$D_2=\left\{(x,y)\middle|\,1\leqslant x\leqslant 4,x-2\leqslant y\leqslant\sqrt{x}\right\}.$$

根据积分对积分区域的可加性，有

$$\begin{aligned}I&=\iint\limits_{D}xy\mathrm{d}\sigma=\iint\limits_{D_1}xy\mathrm{d}\sigma+\iint\limits_{D_2}xy\mathrm{d}\sigma=\int_0^1\mathrm{d}x\int_{-\sqrt{x}}^{\sqrt{x}}xy\mathrm{d}y+\int_1^4\mathrm{d}x\int_{x-2}^{\sqrt{x}}xy\mathrm{d}y\\&=\int_0^1\left[x\frac{y^2}{2}\right]_{-\sqrt{x}}^{\sqrt{x}}\mathrm{d}x+\int_1^4\left[x\frac{y^2}{2}\right]_{x-2}^{\sqrt{x}}\mathrm{d}x\\&=\frac{1}{2}\int_0^1\left(x^2-x^2\right)\mathrm{d}x+\frac{1}{2}\int_1^4\left[x^2-x(x-2)^2\right]\mathrm{d}x=\frac{45}{8}.\end{aligned}$$

显然解法 2 的计算量要比解法 1 大.

注意：为了尽可能减少二重积分的计算量，我们需要考虑根据积分区域的形状选择合适的积分次序，对积分区间划分的块数越少越好.

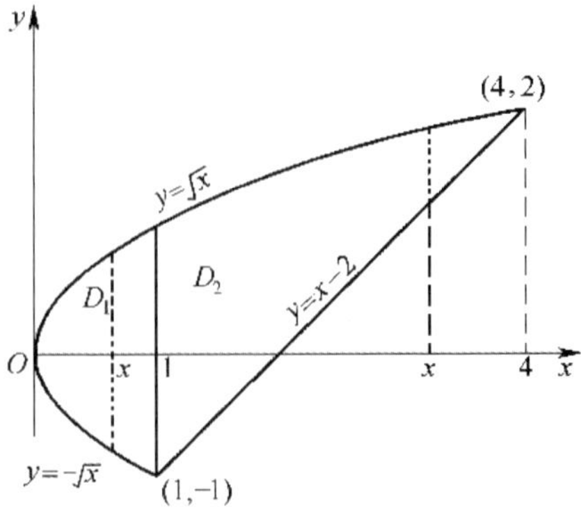

图 8.11

例 8.2.3　计算二重积分 $I=\iint\limits_D e^{y^2}\mathrm{d}\sigma$，其中 D 是由 $y=x$，$y=1$ 及 y 轴所围成的闭区域.

解　画出积分区域 D，如图 8.12 所示.

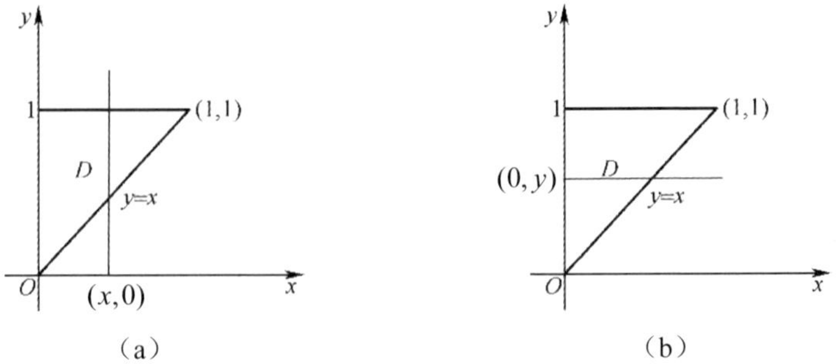

图 8.12

如果将积分区域 D 看作 X 型区域，先确定 D 中点的横坐标 x 的变化范围是区间 $[0,1]$；然后任取一个 $x\in[0,1]$，过点 $(x,0)$ 作平行于 y 轴的直线，这条直线与 D 的下方边界的交点的纵坐标是 $y=x$，与 D 的上方边界的交点的纵坐标是 $y=1$，如图 8.12（a）所示，则 D 可表示为

$$D=\{(x,y)|\,0\leqslant x\leqslant 1, x\leqslant y\leqslant 1\}.$$

从而
$$I=\iint\limits_D e^{y^2}\mathrm{d}\sigma=\int_0^1\mathrm{d}x\int_x^1 e^{y^2}\mathrm{d}y.$$

但是，$\int e^{y^2}\mathrm{d}y$ 的原函数不能用初等函数进行表示，无法利用牛顿-莱布尼兹公式求出，应选择另一种积分次序进行计算.

现将区域 D 看作 Y 型区域，先确定 D 中点的纵坐标 y 的变化范围是区间

$[0,1]$；任取一个 $y\in[0,1]$，过点 $(0,y)$ 作平行于 x 轴的直线，与 D 的左方边界的交点的横坐标是 $x=0$，与 D 的右方边界的交点的横坐标是 $x=y$，如图 8.12（b）所示，则 D 可表示为

$$D=\{(x,y)\,|\,0\leqslant y\leqslant 1,0\leqslant x\leqslant y\}.$$

因此

$$I=\int_0^1 \mathrm{d}y\int_0^y \mathrm{e}^{y^2}\mathrm{d}x=\int_0^1 \mathrm{e}^{y^2}[x]_0^y\,\mathrm{d}y=\int_0^1 y\mathrm{e}^{y^2}\mathrm{d}y$$

$$=\frac{1}{2}\int_0^1 \mathrm{e}^{y^2}\mathrm{d}\left(y^2\right)=\frac{1}{2}\mathrm{e}^{y^2}\Big|_0^1=\frac{1}{2}(\mathrm{e}-1).$$

由此题可见，将二重积分转化为二次积分进行计算时，要恰当地选择积分顺序，不但要考虑积分区域，同时还要考虑被积函数的特征，从而能够简化计算过程.

注意：凡遇到如下形式的积分

$$\int \mathrm{e}^{\pm x^2}\mathrm{d}x,\quad \int \sin x^2\mathrm{d}x,\quad \int\frac{\sin x}{x}\mathrm{d}x,\quad \int\frac{1}{\ln x}\mathrm{d}x\ \cdots,$$

一定放在外层积分.

例 8.2.4 计算平面 $x+y+z=2$ 与三个坐标平面所围成的立体的体积 V.

解 平面 $x+y+z=2$ 与坐标平面的交点分别为 $(2,0,0)$，$(0,2,0)$，$(0,0,2)$，其在坐标平面 xOy 上的投影区域为 $D=\{(x,y)\,|\,0\leqslant x\leqslant 2,\ 0\leqslant y\leqslant 2-x\}$，即平面 $x+y+z=2$ 与三个坐标平面所围成的立体是以

$$D=\{(x,y)\,|\,0\leqslant x\leqslant 2,\ 0\leqslant y\leqslant 2-x\}$$

为底，以平面 $z=2-x-y$ 为顶的，如图 8.13 所示.

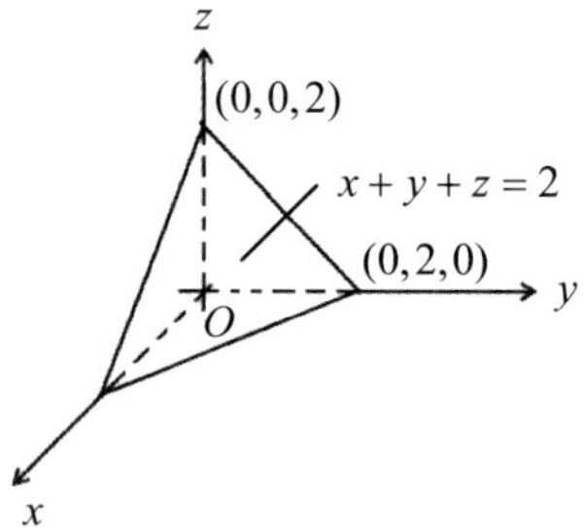

图 8.13

则由二重积分的几何意义知，平面 $x+y+z=2$ 与三个坐标平面所围成的立体的体积 V 为

$$V=\iint_D(2-x-y)\mathrm{d}\sigma$$

$$=\int_0^2 \mathrm{d}x\int_0^{2-x}(2-x-y)\mathrm{d}y$$
$$=\int_0^2\left[2(2-x)-x(2-x)-\frac{1}{2}(2-x)^2\right]\mathrm{d}x=\frac{4}{3}\ .$$

2. 利用对称性简化计算二重积分

利用被积函数的奇偶性及积分区域 D 的对称性，往往可以极大地简化二重积分的计算，为了应用方便，我们总结如下.

（1）若 $f(x,y)$ 在积分区域 D 上连续，积分区域 D 关于 x 轴对称（图 8.14），则

1）当 $f(x,-y)=-f(x,y)$，$(x,y)\in D$ 时，即被积函数是 y 的奇函数，有
$$\iint_D f(x,y)\mathrm{d}\sigma=0\ ;$$

2）当 $f(x,-y)=f(x,y)$, $(x,y)\in D$ 时，即被积函数是 y 的偶函数，有
$$\iint_D f(x,y)\mathrm{d}\sigma=2\iint_{D_1} f(x,y)\mathrm{d}\sigma\ ,$$

其中 $D_1=\left\{(x,y)\middle|(x,y)\in D, y\geqslant 0\right\}$.

（2）若 $f(x,y)$ 在积分区域 D 上连续，积分区域 D 关于 y 轴对称（图 8.15），则

1）当 $f(-x,y)=-f(x,y),(x,y)\in D$ 时，即被积函数是 x 的奇函数，有
$$\iint_D f(x,y)\mathrm{d}\sigma=0\ ;$$

2）当 $f(-x,y)=f(x,y),(x,y)\in D$ 时，即被积函数是 x 的偶函数，有
$$\iint_D f(x,y)\mathrm{d}\sigma=2\iint_{D_1} f(x,y)\mathrm{d}\sigma\ ,$$

其中 $D_1=\left\{(x,y)\middle|(x,y)\in D, x\geqslant 0\right\}$.

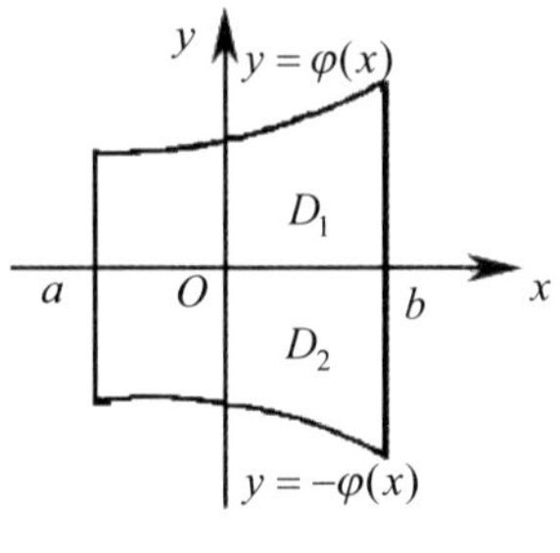

图 8.14

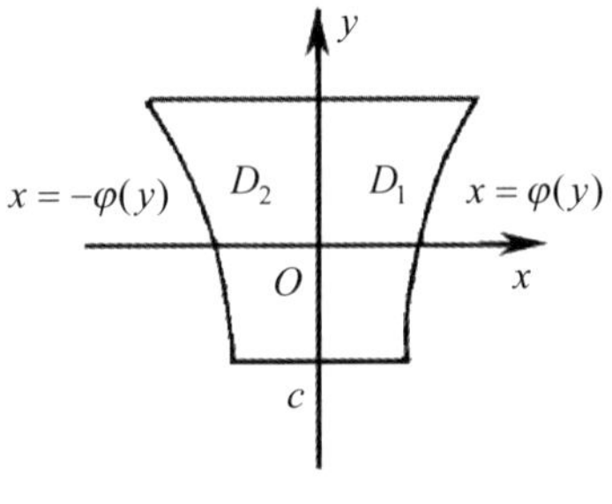

图 8.15

例 8.2.5　计算 $\iint_D y\left[1+xf\left(x^2+y^2\right)\right]\mathrm{d}x\mathrm{d}y$，其中积分区域 D 由曲线 $y=x^2$ 与直线 $y=1$ 所围成.

解 积分区域 D 如图 8.16 所示.

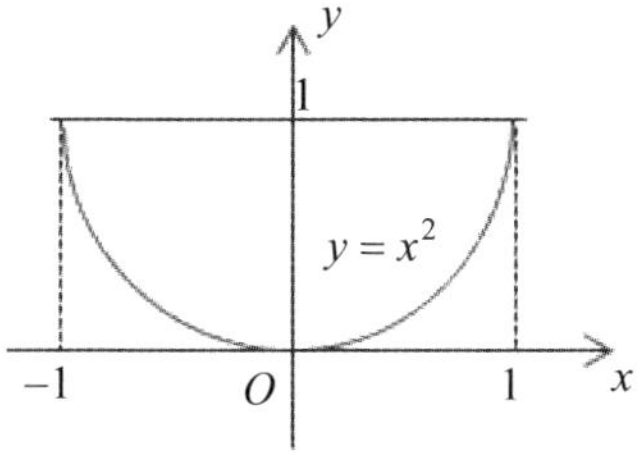

图 8.16

令 $g(x,y)=xyf\left(x^2+y^2\right)$，则 $g(-x,y)=-g(x,y)$，即 $g(x,y)$ 是 x 的奇函数，且 D 关于 y 轴对称，所以

$$\iint\limits_D xyf\left(x^2+y^2\right)\mathrm{d}x\mathrm{d}y=0,$$

从而

$$\begin{aligned}\iint\limits_D y\left[1+xf\left(x^2+y^2\right)\right]\mathrm{d}x\mathrm{d}y&=\iint\limits_D y\mathrm{d}x\mathrm{d}y+\iint\limits_D xyf\left(x^2+y^2\right)\mathrm{d}x\mathrm{d}y\\&=\iint\limits_D y\mathrm{d}x\mathrm{d}y=\int_{-1}^{1}\mathrm{d}x\int_{x^2}^{1}y\mathrm{d}y\\&=\frac{1}{2}\int_{-1}^{1}\left(1-x^4\right)\mathrm{d}x=\frac{1}{2}\left[x-\frac{1}{5}x^5\right]_{-1}^{1}=\frac{4}{5}.\end{aligned}$$

8.2.2 利用极坐标系计算二重积分

利用极坐标系计算二重积分

有些二重积分，积分区域 D 的边界曲线用极坐标方程来表示比较方便，例如圆形或扇形区域的边界等；且被积函数用极坐标变量表示比较简单，例如被积函数 $f(x,y)$ 中含有 x^2+y^2，$\frac{y}{x}$ 等表达式，这时，我们就应考虑用极坐标系来计算此二重积分 $\iint\limits_D f(x,y)\mathrm{d}\sigma$.

1. 极坐标的基本概念

在 xOy 平面内取一个定点 O，自点 O 引一条射线 Ox，同时选定一个长度单位和角度的正方向（通常取逆时针方向），这样就建立了一个极坐标系，其中 O 叫作**极点**，Ox 叫作**极轴**.

对于平面内任何一点 M，用 ρ 表示线段 OM 的长度，θ 表示从 Ox 到 OM 的角度，ρ 叫作点 M 的**极径**，θ 叫作点 M 的**极角**，有序数对 (ρ,θ) 叫作点 M 的**极坐标**，如图 8.17 所示.

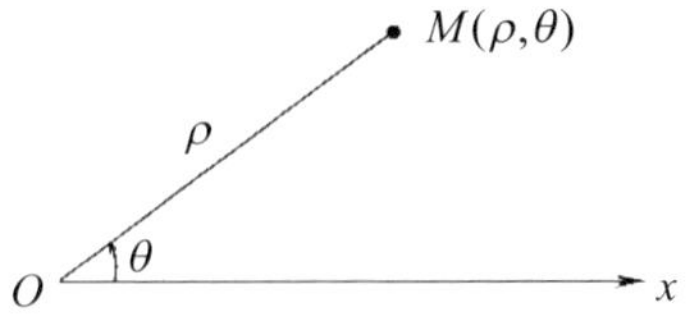

图 8.17

注意：由点 M 极径的几何意义知，极径 $\rho \geqslant 0$，极角 θ 的范围为任意值.

例 8.2.6　写出图 8.18 中各点的极坐标.

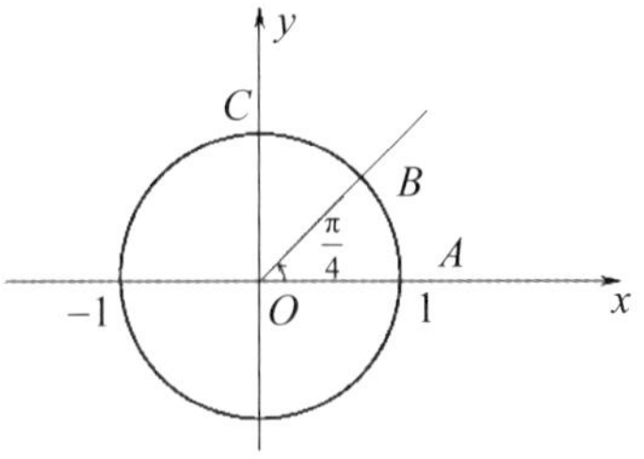

图 8.18

解　各点的极坐标为 $A(1,0)$，$B\left(1,\frac{\pi}{4}\right)$，$C\left(1,\frac{\pi}{2}\right)$，$O(0,0)$.

根据以上定义，我们可以看出，对于平面中的一点，既可以用直角坐标 (x,y) 表示，又可以用极坐标 (ρ,θ) 表示，如图 8.19 所示.

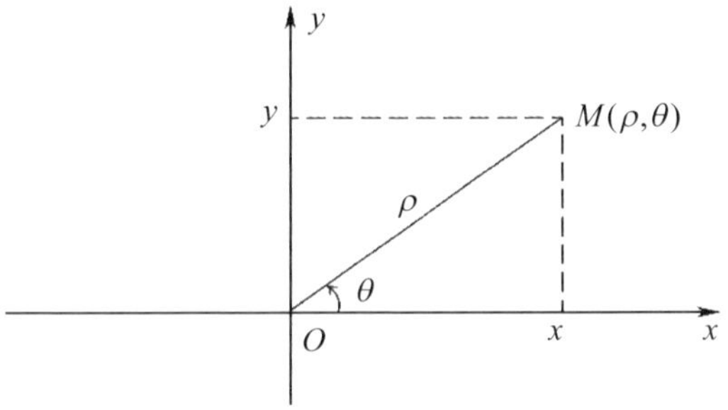

图 8.19

我们可以推导出两种坐标之间的转换公式如下：

$$\begin{cases} x = \rho\cos\theta, \\ y = \rho\sin\theta. \end{cases} \tag{8.2.5}$$

利用此转换公式，可以将一些曲线的直角坐标方程转换成极坐标方程. 例如，

（1）圆心在原点 O，半径为 R 的圆，其直角坐标方程为 $x^2+y^2=R^2$，通过公

式（8.2.5）可以得到圆的极坐标方程为 $\rho = R$.

（2）圆心在点 $(a,0)$，半径为 a 的圆，其直角坐标方程为 $(x-a)^2+y^2=a^2$，通过公式（8.2.5）可以得到圆的极坐标方程为 $\rho = 2a\cos\theta$.

（3）圆心在点 $(0,a)$，半径为 a 的圆，其直角坐标方程为 $x^2+(y-a)^2=a^2$，通过公式（8.2.5）可以得到它的极坐标方程为 $\rho = 2a\sin\theta$.

（4）直线 $y=x(x>0)$，通过公式（8.2.5）可得到直线的极坐标方程为 $\theta = \dfrac{\pi}{4}$.

2. 极坐标系下计算二重积分

（1）假定区域 D 的边界与从极点出发的射线相交不多于两点，函数 $f(x,y)$ 在 D 上连续．我们用极坐标曲线网，即

1）以极点为中心的一族同心圆：$\rho =$ 常数 .

2）从极点出发的一族射线：$\theta =$ 常数 .

把区域 D 划分成 n 个小闭区域，如图 8.20 所示．除包含边界点的一些小闭区域外，其他小闭区域均可以看作是扇形的一部分．任取一小闭区域 $\Delta\sigma$（$\Delta\sigma$ 同时也表示该小闭区域的面积），它是由半径分别为 ρ，$\rho+\Delta\rho$ 的同心圆和极角分别为 θ，$\theta+\Delta\theta$ 的射线所确定，则

$$\Delta\sigma = \frac{1}{2}(\rho+\Delta\rho)^2\cdot\Delta\theta - \frac{1}{2}\rho^2\cdot\Delta\theta = \rho\cdot\Delta\rho\cdot\Delta\theta + \frac{1}{2}(\Delta\rho)^2\cdot\Delta\theta$$

$$= \frac{\rho+(\rho+\Delta\rho)}{2}\cdot\Delta\rho\cdot\Delta\theta \approx \rho\cdot\Delta\rho\cdot\Delta\theta.$$

于是，可以得到极坐标系下的面积元素 $\mathrm{d}\sigma = \rho\mathrm{d}\rho\mathrm{d}\theta$.

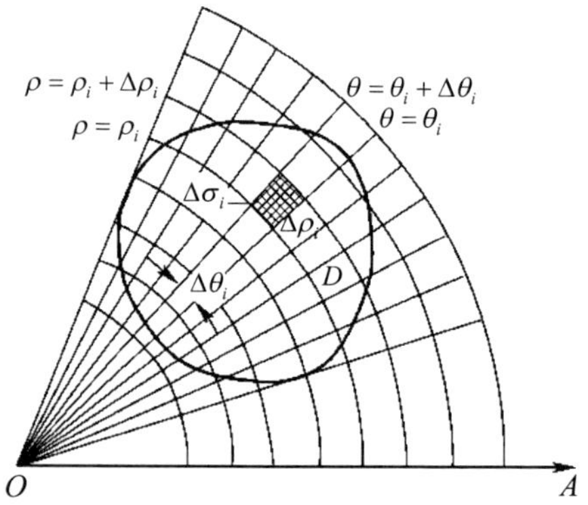

图 8.20

注意：直角坐标和极坐标之间的转换关系为

$$x=\rho\cos\theta，\quad y=\rho\sin\theta，$$

从而得到从直角坐标系转为极坐标系时，二重积分的转换公式为

$$\iint_D f(x,y)\,\mathrm{d}x\mathrm{d}y=\iint_D f(\rho\cos\theta,\rho\sin\theta)\rho\mathrm{d}\rho\mathrm{d}\theta .$$

（2）极坐标系中的二重积分同样可化为二次积分来计算.

1）设积分区域 D 可以用不等式 $\alpha\leqslant\theta\leqslant\beta$，$\varphi_1(\theta)\leqslant\rho\leqslant\varphi_2(\theta)$ 来表示，如图 8.21 所示，其中函数 $\varphi_1(\theta)$，$\varphi_2(\theta)$ 在区间 $[\alpha,\beta]$ 上连续.

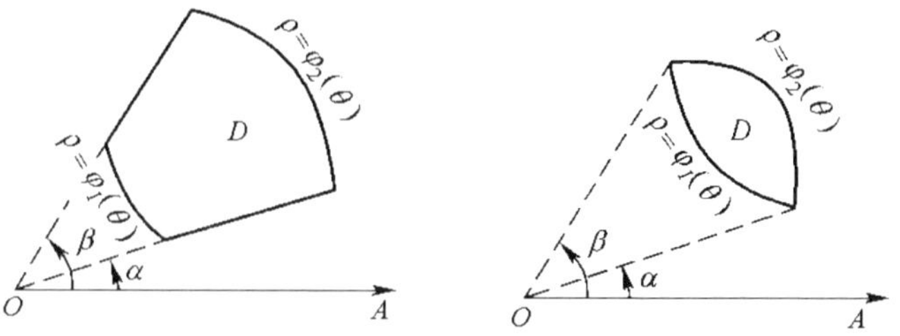

图 8.21

先从极点出发任意做一条射线与区域 D 相交，得到一条线段 EF，如图 8.22 所示. 线段 EF 上所有点都具有相同的极角，不妨设其为 θ，线段上的点的极径范围是 $\varphi_1(\theta)\leqslant\rho\leqslant\varphi_2(\theta)$，又因为射线 l 是任意引出的，即 θ 是在 $[\alpha,\beta]$ 内任意取定的，所以其变化范围是 $[\alpha,\beta]$，因此得到极坐标系中的二重积分化为二次积分的公式为

$$\iint_D f(x,y)\,\mathrm{d}\sigma=\iint_D f(\rho\cos\theta,\rho\sin\theta)\rho\mathrm{d}\rho\mathrm{d}\theta=\int_\alpha^\beta\left[\int_{\varphi_1(\theta)}^{\varphi_2(\theta)} f(\rho\cos\theta,\rho\sin\theta)\rho\mathrm{d}\rho\right]\mathrm{d}\theta .$$

上式也可以写成

$$\iint_D f(x,y)\,\mathrm{d}\sigma=\int_\alpha^\beta\mathrm{d}\theta\int_{\varphi_1(\theta)}^{\varphi_2(\theta)} f(\rho\cos\theta,\rho\sin\theta)\rho\mathrm{d}\rho .$$

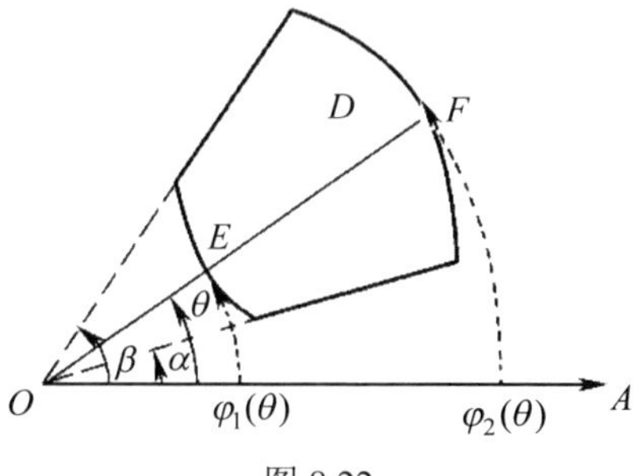

图 8.22

2）如果积分区域 D 是如图 8.23 所示的曲边扇形，则可以把它看作是情形 1）的特例，此时，区域 D 的积分限为

$$\alpha \leqslant \theta \leqslant \beta, \quad 0 \leqslant \rho \leqslant \varphi(\theta).$$

于是

$$\iint_D f(x,y)\mathrm{d}\sigma = \int_\alpha^\beta \mathrm{d}\theta \int_0^{\varphi(\theta)} f(\rho\cos\theta, \rho\sin\theta)\rho\mathrm{d}\rho .$$

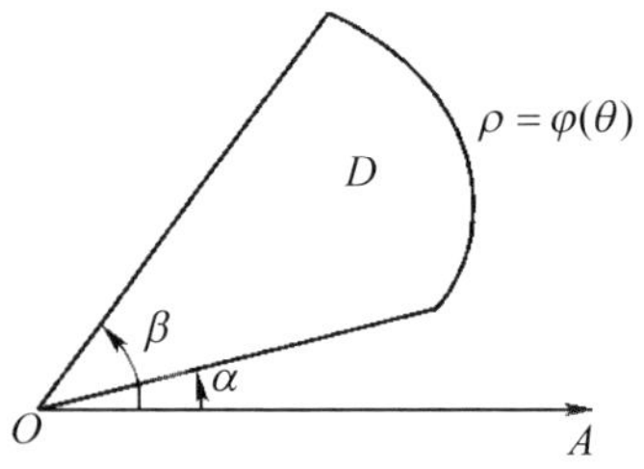

图 8.23

3）如果积分区域 D 如图 8.24 所示，极点位于 D 的内部，则可以把它看作是情形 2）的特例，此时，区域 D 的积分限为

$$0 \leqslant \theta \leqslant 2\pi, \quad 0 \leqslant \rho \leqslant \varphi(\theta).$$

于是

$$\iint_D f(x,y)\mathrm{d}\sigma = \int_0^{2\pi} \mathrm{d}\theta \int_0^{\varphi(\theta)} f(\rho\cos\theta, \rho\sin\theta)\rho\mathrm{d}\rho .$$

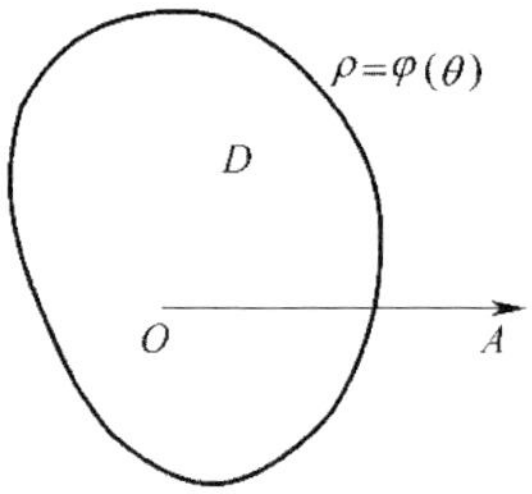

图 8.24

注意：用极坐标计算二重积分要注意以下三个方面的转化.

（1）积分区域的转化：$D(x,y) \to D(\rho,\theta)$（即把 D 的直角坐标系中的边界曲线转化为极坐标曲线）;

（2）被积函数的转化：$f(x,y) \to f(\rho\cos\theta, \rho\sin\theta)$;

（3）面积元素的转化：$\mathrm{d}x\mathrm{d}y \to \rho\mathrm{d}\rho\mathrm{d}\theta$，此处面积元素 ρ 易忘记，需注意.

极坐标的二次积分基本上采取的是先 ρ 后 θ，对于先 θ 后 ρ 的二次积分，本书不进行讨论.

例 8.2.7　计算 $\iint\limits_D \frac{1}{1+x^2+y^2}\mathrm{d}x\mathrm{d}y$，其中 D 是由 $x^2+y^2\leqslant 1$ 围成的平面闭区域.

解　积分区域 D 为单位圆面，如图 8.25 所示.

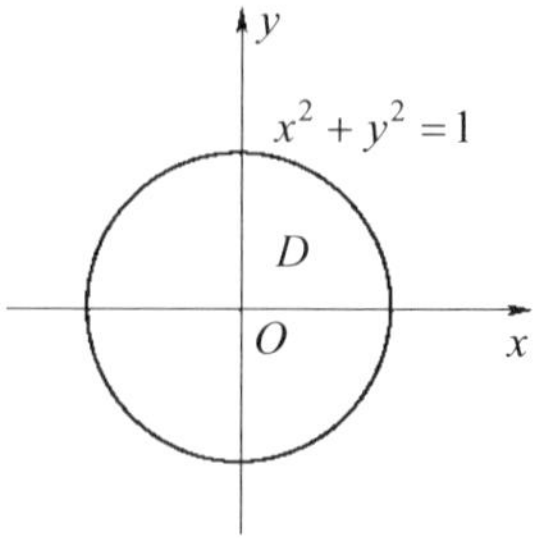

图 8.25

其边界曲线的极坐标方程为 $\rho=1$，于是积分区域 D 的积分限为

$$0\leqslant\theta\leqslant 2\pi,\quad 0\leqslant\rho\leqslant 1,$$

所以

$$\iint\limits_D \frac{1}{1+x^2+y^2}\mathrm{d}x\mathrm{d}y=\int_0^{2\pi}\mathrm{d}\theta\int_0^1\frac{1}{1+\rho^2}\rho\mathrm{d}\rho=\pi\int_0^1\frac{1}{1+\rho^2}\mathrm{d}\left(\rho^2+1\right)$$

$$=\pi\ln\left(\rho^2+1\right)\Big|_0^1=\pi\ln 2\ .$$

例 8.2.8　计算 $\iint\limits_D \frac{y^2}{x^2}\mathrm{d}x\mathrm{d}y$，其中 D 是由曲线 $x^2+y^2=2x$ 围成的平面闭区域.

解　积分区域 D 如图 8.26 所示.

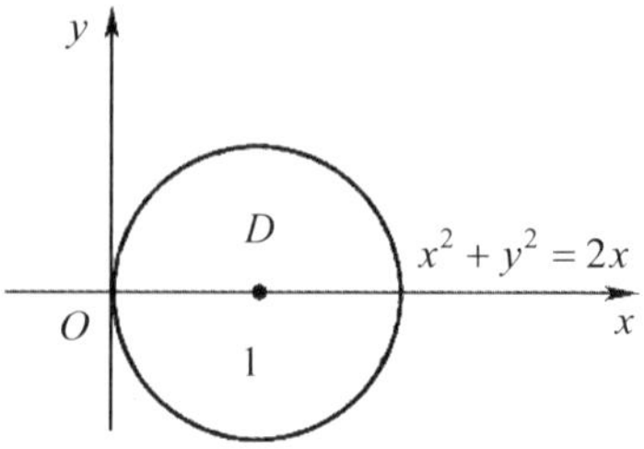

图 8.26

其边界曲线的极坐标方程为 $\rho=2\cos\theta$，于是积分区域 D 的积分限为

$$-\frac{\pi}{2}\leqslant\theta\leqslant\frac{\pi}{2},\quad 0\leqslant\rho\leqslant 2\cos\theta,$$

所以

$$\iint\limits_D \frac{y^2}{x^2}\mathrm{d}x\mathrm{d}y = \int_{-\frac{\pi}{2}}^{\frac{\pi}{2}}\mathrm{d}\theta\int_0^{2\cos\theta}\frac{\sin^2\theta}{\cos^2\theta}\rho\mathrm{d}\rho = \int_{-\frac{\pi}{2}}^{\frac{\pi}{2}}2\sin^2\theta\mathrm{d}\theta$$

$$= \int_{-\frac{\pi}{2}}^{\frac{\pi}{2}}(1-\cos2\theta)\mathrm{d}\theta = \pi - \frac{1}{2}\sin2\theta\Big|_{-\frac{\pi}{2}}^{\frac{\pi}{2}} = \pi .$$

例 8.2.9 计算 $\iint\limits_D \mathrm{e}^{-x^2-y^2}\mathrm{d}\sigma$，其中积分区域 D 是由圆 $x^2+y^2=R^2$ 所围成的区域.

解 积分区域 D 如图 8.27 所示.

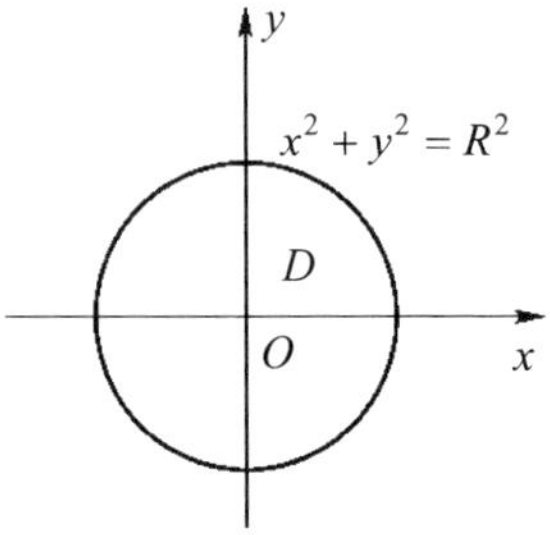

图 8.27

其边界曲线圆的极坐标方程为 $\rho = R$，于是积分区域 D 的积分限为

$$0\leqslant\theta\leqslant2\pi，\quad 0\leqslant\rho\leqslant R，$$

所以

$$\iint\limits_D \mathrm{e}^{-x^2-y^2}\mathrm{d}\sigma = \int_0^{2\pi}\mathrm{d}\theta\int_0^R\mathrm{e}^{-\rho^2}\rho\mathrm{d}\rho = 2\pi\int_0^R\mathrm{e}^{-\rho^2}\rho\mathrm{d}\rho$$

$$= -\pi\int_0^R\mathrm{e}^{-\rho^2}\mathrm{d}\left(-\rho^2\right) = -\pi\left[\mathrm{e}^{-\rho^2}\right]_0^R = \pi\left(1-\mathrm{e}^{-R^2}\right) .$$

***例 8.2.10** 计算积分 $\int_0^{+\infty}\mathrm{e}^{-x^2}\mathrm{d}x$.

解 这是一个反常积分，由于 e^{-x^2} 的原函数不能用初等函数表示，故利用所学过的反常积分的计算方法无法计算. 现在我们利用二重积分来计算该积分.

设 $I(R) = \int_0^R\mathrm{e}^{-x^2}\mathrm{d}x$，则

$$I^2(R) = \int_0^R\mathrm{e}^{-x^2}\mathrm{d}x\cdot\int_0^R\mathrm{e}^{-x^2}\mathrm{d}x = \int_0^R\mathrm{e}^{-x^2}\mathrm{d}x\cdot\int_0^R\mathrm{e}^{-y^2}\mathrm{d}y = \iint\limits_{\substack{0\leqslant x\leqslant R\\0\leqslant y\leqslant R}}\mathrm{e}^{-x^2-y^2}\mathrm{d}x\mathrm{d}y .$$

即 $I^2(R)$ 可以转换为一个二重积分 $\iint\limits_{\substack{0\leqslant x\leqslant R\\0\leqslant y\leqslant R}}\mathrm{e}^{-x^2-y^2}\mathrm{d}x\mathrm{d}y$ 来计算.

记二重积分的积分区域 D 为 $0\leqslant x\leqslant R$，$0\leqslant y\leqslant R$，且设 D_1，D_2 分别表示圆域 $x^2+y^2\leqslant R^2$ 与 $x^2+y^2\leqslant2R^2$ 位于第一象限的两个扇形，如图 8.28 所示.

由于

$$\iint_{D_1} e^{-x^2-y^2} d\sigma \leqslant I^2(R) \leqslant \iint_{D_2} e^{-x^2-y^2} d\sigma,$$

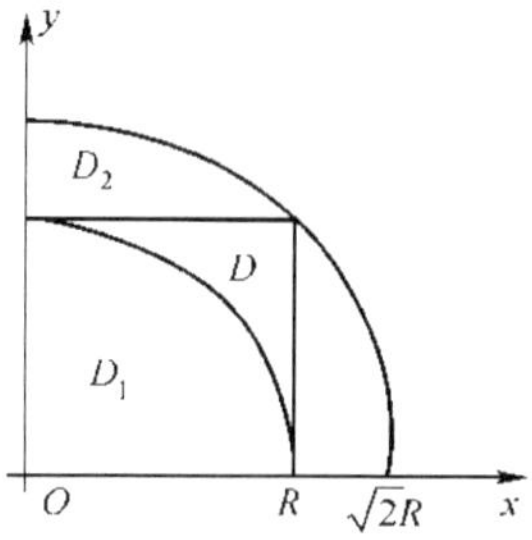

图 8.28

由例 8.2.9 的计算结果得知，

$$\frac{\pi}{4}\left(1-e^{-R^2}\right) \leqslant I^2(R) \leqslant \frac{\pi}{4}\left(1-e^{-2R^2}\right).$$

当 $R\to+\infty$ 时，上式两边都以 $\frac{\pi}{4}$ 为极限，由夹逼定理得，

$$\lim_{R\to+\infty} I^2(R) = \frac{\pi}{4}.$$

又因为 $I(R)>0$，所以 $\lim\limits_{R\to+\infty} I(R) = \frac{\sqrt{\pi}}{2}$，即所求反常积分为 $\int_0^{+\infty} e^{-x^2} dx = \frac{\sqrt{\pi}}{2}$.

8.3　数学拓展

8.3.1　数学建模——湖泊体积及平均水深的估算

椭球正弦曲面是许多湖泊的湖床形状的很好的近似．假定湖面的边界为椭圆 $\frac{x^2}{a^2}+\frac{y^2}{b^2}=1$，若湖的最大水深为 $h_{\max}$，则椭球正弦曲面由下面函数给出，

$$f(x,y) = -h_{\max}\cdot\cos\left(\frac{\pi}{2}\sqrt{\frac{x^2}{a^2}+\frac{y^2}{b^2}}\right),$$

其中 $\frac{x^2}{a^2}+\frac{y^2}{b^2}\leqslant 1$．现要求湖水的体积 V 及平均水深 $\bar{h}$.

解　设区域 $\frac{x^2}{a^2}+\frac{y^2}{b^2}\leqslant 1$ 是湖面的椭圆区域 D，湖水的总体积 V 为

$$V = \iint_D |f(x,y)| dxdy = \iint_D h_{\max}\cdot\cos\left(\frac{\pi}{2}\sqrt{\frac{x^2}{a^2}+\frac{y^2}{b^2}}\right) dxdy.$$

被积函数和区域 D 的形状启示我们用极坐标变换

$$x = ar\cos\theta,\ y = ar\sin\theta,$$

于是积分区域 D 的积分限为

$$0\leqslant r<1,\ 0\leqslant\theta\leqslant 2\pi.$$

所以，

$$V = \int_0^{2\pi} d\theta \int_0^1 h_{\max}\cdot\cos\left(\frac{\pi}{2}r\right) abr dr$$

$$
\begin{aligned}
&=2\pi ab h_{\max}\cdot\int_0^1\cos\left(\frac{\pi}{2}r\right)r\mathrm{d}r\\
&=4abh_{\max}\cdot\left[\int_0^1 r\mathrm{d}\sin\left(\frac{\pi}{2}r\right)\right]\\
&=4abh_{\max}\cdot\left[r\sin\left(\frac{\pi}{2}r\right)\right]_0^1-\int_0^1\sin\left(\frac{\pi}{2}r\right)\mathrm{d}r\\
&=4abh_{\max}\cdot\left[1+\frac{2}{\pi}\cos\left(\frac{\pi}{2}r\right)\Big|_0^1\right]\\
&=4abh_{\max}\cdot\left[1-\frac{2}{\pi}\right]\approx 1.4535abh_{\max}.
\end{aligned}
$$

上述公式可通过测量 a，b，$h_{\max}$ 来估计湖水的体积（即水量）．容易证明椭圆 D 的面积为 πab，因而湖水的平均深度为

$$
\bar{h}=\frac{1}{\pi ab}\iint_D|f(x,y)|\mathrm{d}x\mathrm{d}y=\frac{1.4535abh}{\pi ab}\approx 0.463h_{\max},
$$

即 $\dfrac{\bar{h}}{h_{\max}}=0.463$.

实际上，人们对全世界107个湖泊的研究结果表明，$\dfrac{\bar{h}}{h_{\max}}$ 的平均值约为0.467.

8.3.2 数学家简介——罗尔

“在反对微分学的人中，也不乏具有才能的数学家．法国代数学家罗尔便是一例．”

——摘自梁宗巨编著的《世界数学史简编》

“微积分是巧妙谬论的汇集．”

——罗尔

罗尔（Michel Rolle，1652—1719）是法国数学家，1652年4月21日生于昂贝尔特，1719年11月8日卒于巴黎．

罗尔出生于小店主家庭，只受过初等教育，且结婚过早，年轻时贫困潦倒，靠充当公证员与律师抄录员的微薄收入养家糊口．他利用业余时间刻苦自学代数与丢番图的著作，并很有心得．1682年，他解决了数学家奥扎南（Ozanam）提出的一个数论难题，受到了学术界的好评，

从而声名鹊起，这也使他的生活有了转机．此后，他担任初等数学教师和陆军部行政官员，1685 年进入法国科学院，担任低级职务，到 1699 年才获得科学院发给的固定薪水．此后他一直在科学院从职，1719 年因中风去世．

罗尔在数学上的成就主要是在代数方面，专长于丢番图方程的研究．1690 年他的专著《代数学讲义》问世，在这本书中他论述了仿射方程组，并使用欧几里得法则系统地解决了丢番图的线性方程问题．罗尔已掌握了方程组的消元法，并提出了用所谓“级联”（Cascades）法则分离代数方程的根．他还研究了有关最大公约数的某些问题．

罗尔所处的时代正当牛顿、莱布尼茨的微积分诞生不久，由于这一新生事物还存在逻辑上的缺陷，从而遭受多方非议，其中也包括罗尔，而且他是反对派中最直言不讳的一位．1700 年，在法国科学院发生了一场有关无穷小方法是否真实的论战．在这场论战中，罗尔认为无穷小方法由于缺乏理论基础将导致谬论，瓦里格农（Varigrnon）则为无穷小分析的新方法辩护，约翰·伯努利（Johann Bernouli）还讽刺罗尔不懂微积分．由于罗尔对此问题表现的异常激动，致使科学院不得不屡次出面进行干预．直到 1706 年秋天，罗尔才向瓦里格农、丰唐内尔（Fontenelle）等人承认他已经放弃自己的观点，并且充分认识到无穷小分析新方法的价值．

罗尔于 1691 年在题为《任意次方程的一个解法的证明》的论文中指出：在多项式方程的两个相邻的实根之间，方程至少有一个根．实际上当时的罗尔并没有使用导数的概念和符号，后一个多项式实际上是前一个多项式的导数，罗尔只叙述了这个结论，而没有给出证明．因为当时罗尔是微积分的怀疑者和极力反对者，他拒绝使用微积分，而宁肯使用繁难的代数方法，所以上述定理本来和微分学无关．一百多年后，即 1846 年，尤斯托·伯拉维提斯将这一定理推广到可微函数，并把此定理命名为罗尔定理．

罗尔还研究并得到了与现在相一致的实数集的序的概念．他促成了目前所采用的负数大小顺序性的建立，而在他之前，笛卡尔及同时代的许多人都认为 $-2<-5$，罗尔自 1691 年就已采用了现在的负数的大小排列顺序．他明确说：“我认为 $-2a$ 是一比 $-5a$ 大的量．”（其中 a 是一个正实数）．另外，罗尔在《代数学讲义》一书中设计了一个数 a 的 n 次方根的符号为 $\sqrt[n]{a}$（而在他之前则是用符号 $\sqrt{na}$ 来表示 a 的 n 次方根），他的这个符号立刻被普遍接受，并沿用至今．

第 9 章　无穷级数

无穷级数是逼近理论中的重要内容之一，也是微积分学的重要组成部分．它是表示函数、研究函数性质以及进行数值计算的一种工具，在金融、经济管理、计算机辅助设计等方面有着广泛的应用．本章先介绍无穷级数的概念，然后讨论数项级数及其收敛性，最后研究如何将函数展成幂级数．

无穷级数的中心内容是收敛性理论．从形式上看，无穷级数是“有限项相加”向“无限项相加”的推广，但两者有实质性的区别．无穷级数的和是一个极限，从而就产生了收敛和发散的问题，但是加法运算中的交换律、结合律，加法、乘法运算间的分配律以及函数的性质（如连续函数的和仍连续，可导函数的和仍可导）都不能无条件地照搬到无穷级数中来，而必须在一定条件下才能成立，这是本章学习时需要特别注意的．

【学习目标】

- 了解常数项级数、函数项级数的概念和基本收敛判定准则，掌握正项级数收敛的比较审敛法、比值审敛法，会判定交错级数的敛散性．
- 掌握任意项级数的绝对收敛与条件收敛判定，了解幂级数的收敛半径与收敛域．
- 掌握幂级数的收敛半径、收敛域及函数的求解方法，并能将一般函数展成幂级数．

9.1　常数项级数的概念和性质

常数项级数的概念和性质

9.1.1　常数项级数的概念

正如有限中包含着无穷级数，而无限中呈现极限一样，无限之灵魂居于细微之处，而最紧密地趋近极限却并无止境．区分无穷大之中的细节令人喜悦．小中见大，多么伟大的神力．

——雅格布·伯努利

人们认识事物数量方面的特征，往往有一个由近似到精确的过程．在这种过程中，会遇到由有限个数量相加到无穷多个数量相加的问题.

例如，用一个分数表示循环小数 0.111111⋯，具体做法如下所述.

为了表示 0.111111⋯，记

$$a_1 = 0.1 = \frac{1}{10},\ a_2 = 0.01 = \left(\frac{1}{10}\right)^2,$$

$$a_3 = 0.001 = \left(\frac{1}{10}\right)^3, \cdots,\ a_n = \left(\frac{1}{10}\right)^n, \cdots,$$

则 $0.111111\cdots \approx a_1 + a_2 + \cdots + a_n$. 如果 n 无限增大，则 $a_1 + a_2 + \cdots + a_n$ 的极限就是 0.111111⋯，即

$$0.111111\cdots = \lim_{n\to\infty}(a_1 + a_2 + \cdots + a_n) = \frac{1}{9}.$$

也就是说，0.111111⋯ 可以表示成如下无穷多个数相加的情形：

$$a_1 + a_2 + \cdots + a_n + \cdots.$$

同样，对于一些无理数，也可给出类似的表示. 如 $e = 2.71828\cdots$，在本章第 5 节可以看到，它可以表示为 $1 + 1 + \frac{1}{2!} + \frac{1}{3!} + \cdots + \frac{1}{n!} + \cdots$.

由以上可知，循环小数 0.111111⋯ 和无理数 $e = 2.71828\cdots$ 这些比较复杂的数可以用较简单的数的和来逼近，并且能表示成无穷多个数相加的形式.

定义 9.1.1　给定一个数列

$$u_1, u_2, \cdots, u_n, \cdots,$$

我们把形如

$$u_1 + u_2 + \cdots + u_n + \cdots$$

的表达式称为（**常数项**）**无穷级数**，简称**常数项级数**或**级数**，记作 $\sum_{n=1}^{\infty} u_n$，即

$$\sum_{n=1}^{\infty} u_n = u_1 + u_2 + \cdots + u_n + \cdots,$$

其中第 n 项 u_n 称为级数的**一般项**.

例如，$\sum_{n=1}^{\infty}\frac{1}{n} = 1 + \frac{1}{2} + \frac{1}{3} + \cdots + \frac{1}{n} + \cdots$ 和 $\sum_{n=1}^{\infty}\frac{1}{n(n+1)} = \frac{1}{1\cdot 2} + \frac{1}{2\cdot 3} + \cdots + \frac{1}{n(n+1)} + \cdots$ 都是常数项级数，其中 $\frac{1}{n}$ 和 $\frac{1}{n(n+1)}$ 分别为上述两个级数的一般项.

上述级数的定义只是一个形式上的定义. 怎样理解无穷级数中无穷多个数相加呢？我们可以从有限项的和出发，观察它们的变化趋势，由此来理解无穷多个数相加的含义.

无穷级数$\sum_{n=1}^{\infty}u_n$的前n项的和称为该级数的**部分和**，记为S_n，即

$$S_n=u_1+u_2+\cdots+u_n=\sum_{i=1}^{n}u_i .$$

当n依次取$1,2,3,\cdots$时，它们构成一个新的数列$\{S_n\}$：

$$S_1=u_1,\ S_2=u_1+u_2,\ S_3=u_1+u_2+u_3,\cdots,\ S_n=u_1+u_2+\cdots+u_n,\cdots .$$

根据这个数列有没有极限，我们引进无穷级数$\sum_{n=1}^{\infty}u_n$收敛与发散的概念.

定义 9.1.2 如果级数$\sum_{n=1}^{\infty}u_n$的部分和数列$\{S_n\}$有极限S，即$\lim\limits_{n\to\infty}S_n=S$，则称无穷级数$\sum_{n=1}^{\infty}u_n$**收敛**，这时极限$S$称为此级数的**和**，并写成

$$S=\sum_{n=1}^{\infty}u_n=u_1+u_2+\cdots+u_n+\cdots ;$$

如果$\{S_n\}$没有极限，则称无穷级数$\sum_{n=1}^{\infty}u_n$**发散**.

显然，当级数收敛时，其部分和S_n是级数的和S的近似值，它们之间的差值

$$r_n=S-S_n=u_{n+1}+u_{n+2}+\cdots$$

叫作级数的**余项**，且此时

$$\lim_{n\to\infty}r_n=\lim_{n\to\infty}(S-S_n)=\lim_{n\to\infty}S-\lim_{n\to\infty}S_n=S-S=0 .$$

用近似值S_n代替S所产生的误差是这个余项的绝对值，即误差是$|r_n|$.

讨论级数时要注意，级数的定义$\sum_{n=1}^{\infty}u_n=u_1+u_2+\cdots+u_n+\cdots$只是一个形式记号. 因为，如果从加法运算角度考虑，无穷多个数相加实际上是不可能完成的，因此也谈不上相加所得的“和”. 所谓级数的“和”，按定义，是指级数的部分和数列收敛时的极限. 可见，研究级数的收敛性就是研究其部分和数列是否存在极限，因此级数的收敛性问题是一种特殊形式的极限问题. 请读者将级数收敛性的定义与本书相应的上册第 5 章的无穷限反常积分的定义对照，可以发现两者很相似.

由此，若给定级数$\sum_{n=1}^{\infty}u_n$，令$S_n=\sum_{i=1}^{n}u_i$，则可以做出唯一的部分和数列$\{S_n\}$；反之，给定数列$\{S_n\}$，令

$$u_1=S_1,\ u_2=S_2-S_1,\ u_3=S_3-S_2,\ \cdots,\ u_n=S_n-S_{n-1},\ \cdots,$$

则可以得到唯一的级数$\sum_{n=1}^{\infty}u_n$，其部分和数列为$\{S_n\}$.

因此，级数$\sum_{n=1}^{\infty}u_n$与数列$\{S_n\}$同时收敛或同时发散，且在收敛时，有

$$S=\sum_{n=1}^{\infty}u_n=\lim_{n\to\infty}S_n\text{，即}\sum_{n=1}^{\infty}u_n=\lim_{n\to\infty}\sum_{i=1}^{n}u_i\ .$$

例 9.1.1　判定下列无穷级数的收敛性，若收敛，求其和.

（1）$\sum_{n=1}^{\infty}\frac{1}{n(n+1)}$；　　（2）$\sum_{n=1}^{\infty}n$.

解　（1）由于$u_n=\frac{1}{n(n+1)}=\frac{1}{n}-\frac{1}{n+1}$，因此该级数的部分和为

$$\begin{aligned}S_n&=\frac{1}{1\cdot2}+\frac{1}{2\cdot3}+\cdots+\frac{1}{n(n+1)}\\&=\left(1-\frac{1}{2}\right)+\left(\frac{1}{2}-\frac{1}{3}\right)+\cdots+\left(\frac{1}{n}-\frac{1}{n+1}\right)\\&=1-\frac{1}{n+1}.\end{aligned}$$

从而

$$\lim_{n\to\infty}S_n=\lim_{n\to\infty}\left(1-\frac{1}{n+1}\right)=1\text{，}$$

故这个级数收敛，其和是1.

（2）这个级数的部分和为

$$S_n=1+2+3+\cdots+n=\frac{n(n+1)}{2}.$$

显然，$\lim_{n\to\infty}S_n=\infty$，因此这个级数是发散的.

例 9.1.2　无穷级数

$$\sum_{n=0}^{\infty}aq^n=a+aq+aq^2+\cdots+aq^{n-1}+\cdots \tag{9.1.1}$$

称为**等比级数**（又称为**几何级数**），其中$a\neq0$，q称为级数的**公比**. 试讨论该级数的收敛性.

解　$\sum_{n=0}^{\infty}aq^n$的部分和为$S_n=a+aq+aq^2+\cdots+aq^n$. 于是:

（1）当$|q|<1$时，由于$\lim_{n\to\infty}q^n=0$，则

$$\lim_{n\to\infty}S_n=\lim_{n\to\infty}\frac{a(1-q^n)}{1-q}=\frac{a}{1-q}\text{，}$$

因此该级数收敛，且其和 $S=\sum_{n=0}^{\infty}aq^{n}=\frac{a}{1-q}\quad\left(\frac{首项}{1-公比}\right)$.

（2）当 $|q|>1$ 时，由于 $\lim_{n\to\infty}q^{n}=\infty$，则

$$\lim_{n\to\infty}S_{n}=\lim_{n\to\infty}\frac{a\left(1-q^{n}\right)}{1-q}=\infty,$$

故该级数发散.

（3）当 $|q|=1$ 时，

若 $q=1$，由于 $\lim_{n\to\infty}S_{n}=\lim_{n\to\infty}na=\infty$，则该级数发散；

若 $q=-1$，则 $S_{n}=\frac{a\left[1-(-1)^{n}\right]}{1-(-1)}$. 由于 $\lim_{n\to\infty}(-1)^{n}$ 不存在，则 $\lim_{n\to\infty}S_{n}$ 不存在，从而该级数也发散.

综上所述，如果等比级数 $\sum_{n=0}^{\infty}aq^{n}$ 的公比 $|q|<1$，则级数收敛，其和为 $S=\frac{a}{1-q}$；如果 $|q|\geqslant 1$，则级数发散.

例如，级数

$$\sum_{n=1}^{\infty}\frac{(-3)^{n+1}}{5^{n}}=\frac{3^{2}}{5}-\frac{3^{3}}{5^{2}}+\frac{3^{4}}{5^{3}}+\cdots+\frac{(-3)^{n+1}}{5^{n}}+\cdots$$

是一个公比 $q=-\frac{3}{5}$ 的等比级数，因为 $|q|=\left|-\frac{3}{5}\right|<1$，所以它是收敛的，其和为

$$S=\frac{\frac{3^{2}}{5}}{1-\left(-\frac{3}{5}\right)}=\frac{9}{8}.$$

又如，级数

$$\sum_{n=1}^{\infty}3^{n-1}=1+3+3^{2}+3^{3}+\cdots+3^{n-1}+\cdots$$

是一个公比 $q=3$ 的等比级数，因为 $|q|=3>1$，所以它是发散的.

例 9.1.3 证明：**调和级数**（Harmonic series）

$$\sum_{n=1}^{\infty}\frac{1}{n}=1+\frac{1}{2}+\frac{1}{3}+\frac{1}{4}+\cdots+\frac{1}{n}+\cdots$$

是发散的.

证明 利用反证法证明. 假设级数 $\sum_{n=1}^{\infty}\frac{1}{n}$ 收敛，其和为 S，于是

$$\lim_{n\to\infty}\left(S_{2n}-S_n\right)=S-S=0.$$

但是

$$S_{2n}-S_n=\frac{1}{n+1}+\frac{1}{n+2}+\cdots+\frac{1}{2n}>\frac{n}{2n}=\frac{1}{2},$$

在上式中令 $n\to\infty$，由数列极限的保号性可有 $\lim\limits_{n\to\infty}\left(S_{2n}-S_n\right)=0\geqslant\frac{1}{2}$，这是矛盾. 故级数 $\sum\limits_{n=1}^{\infty}\frac{1}{n}$ 发散.

注：当 n 越来越大时，调和级数的项变得越来越小，然而，逐渐地（非常缓慢地）它的和将增大并超过任何有限值. 调和级数的这种特性使一代又一代的数学家困惑并为之着迷. 它的发散性是由法国学者尼古拉•奥雷姆（1323—1382）在极限概念被完全理解之前约 400 年首次证明的.

下面的数字将有助于我们更好地理解本例中的级数：此级数的前 1000 项相加约为 7.485；前 100 万项相加约为 14.357；前 10 亿项相加约为 21；前 10000 亿项相加约为 28……更有学者估计过，为了使调和级数的和等于 100，必须把前 10^{43} 项加起来，如果我们试图在一个很长的纸带上写下此级数，直到它的和超过 100，即使每一项只占 1mm 长的纸带，也必须使用 10^{43}mm 长的纸带，这大约相当于 10^{25} 光年，而宇宙的已知尺寸估计只有 10^{12} 光年. 调和级数的某些特性至今仍未得到解.

9.1.2　无穷级数的基本性质

根据无穷级数收敛、发散以及和的概念，可以得出级数的几个基本性质.

性质 9.1.1　（1）若级数 $\sum\limits_{n=1}^{\infty}u_n$ 收敛，且其和为 S，则对任何常数 k，级数 $\sum\limits_{n=1}^{\infty}ku_n$ 也收敛，且其和为 kS，

（2）如果级数 $\sum\limits_{n=1}^{\infty}u_n$，$\sum\limits_{n=1}^{\infty}v_n$ 分别收敛于和 S，W，即

$$\sum_{n=1}^{\infty}u_n=S,\ \sum_{n=1}^{\infty}v_n=W,$$

则级数 $\sum\limits_{n=1}^{\infty}\left(u_n\pm v_n\right)$ 也收敛，且其和为 $S\pm W$.

证明从略.

注意：（1）由性质 9.1.1 的（1）可知，当 $k\neq0$ 时，若级数 $\sum\limits_{n=1}^{\infty}ku_n$ 收敛，则

$$\sum_{n=1}^{\infty}u_n=\sum_{n=1}^{\infty}\frac{1}{k}(ku_n)$$

也收敛，其逆否结论也成立，即若 $k\neq 0$，级数 $\sum_{n=1}^{\infty}u_n$ 发散，则级数 $\sum_{n=1}^{\infty}ku_n$ 也发散. 因此有如下结论：

当 $k\neq 0$ 时，级数 $\sum_{n=1}^{\infty}u_n$ 与 $\sum_{n=1}^{\infty}ku_n$ 的敛散性相同.

（2）由性质 9.1.1 的（2）可知，两个收敛级数可以逐项相加或相减，其收敛性不变，但级数和发生改变.

例 9.1.4 判断级数 $\sum_{n=1}^{\infty}\frac{2^{n-1}+(-1)^n}{3^n}$ 是否收敛，若收敛，求其和.

解 由于级数 $\sum_{n=1}^{\infty}\frac{2^{n-1}}{3^n}$ 与 $\sum_{n=1}^{\infty}\frac{(-1)^n}{3^n}$ 均是收敛的等比级数，且

$$\sum_{n=1}^{\infty}\frac{2^{n-1}}{3^n}=\frac{\frac{1}{3}}{1-\frac{2}{3}}=1,\quad \sum_{n=1}^{\infty}\frac{(-1)^n}{3^n}=\frac{-\frac{1}{3}}{1+\frac{1}{3}}=-\frac{1}{4}.$$

由性质 9.1.1 的（2）可知，级数 $\sum_{n=1}^{\infty}\frac{2^{n-1}+(-1)^n}{3^n}$ 收敛，且其和

$$S=\sum_{n=1}^{\infty}\frac{2^{n-1}+(-1)^n}{3^n}=\sum_{n=1}^{\infty}\frac{2^{n-1}}{3^n}+\sum_{n=1}^{\infty}\frac{(-1)^n}{3^n}=1-\frac{1}{4}=\frac{3}{4}.$$

注意：（1）两个发散的级数逐项相加所得的级数不一定发散. 例如，级数 $\sum_{n=1}^{\infty}n$ 和级数 $\sum_{n=1}^{\infty}(-n)$ 都是发散的，但是它们逐项相加所得的级数却是收敛的.

（2）若一个级数收敛，另一个级数发散，则逐项相加所得的级数必发散.

（3）如果两个级数逐项相加所得的级数收敛，其中一个级数收敛，则另一个级数必收敛.

例 9.1.5 判断级数 $\sum_{n=1}^{\infty}\left(\frac{2}{n}-\frac{2^{n-1}}{3^n}\right)$ 是否收敛.

解 因为调和级数 $\sum_{n=1}^{\infty}\frac{1}{n}$ 发散，所以级数 $\sum_{n=1}^{\infty}\frac{2}{n}=2\sum_{n=1}^{\infty}\frac{1}{n}$ 也是发散的. 而 $\sum_{n=1}^{\infty}\left(\frac{2}{3}\right)^{n-1}$ 是公比 $q=\frac{2}{3}$ 的等比级数，是收敛的，所以级数 $\sum_{n=1}^{\infty}\frac{2^{n-1}}{3^n}=\frac{1}{3}\sum_{n=1}^{\infty}\left(\frac{2}{3}\right)^{n-1}$ 也是收敛的.

因此，级数$\sum_{n=1}^{\infty}\left(\frac{2}{n}-\frac{2^{n-1}}{3^n}\right)$是发散的.

性质 9.1.2　在级数中任意去掉、加上或者改变有限项，不会改变级数的敛散性，但通常情况下，收敛级数的和会发生变化.

证明从略.

性质 9.1.3　如果级数$\sum_{n=1}^{\infty}u_n$收敛，则对这个级数的项任意加括号之后所得级数仍收敛，且其和不变.

证明从略.

注意： 如果加括号之后所得的级数收敛，并不能断定去括号后的原来级数收敛.

例如，级数

$$(1-1)+(1-1)+\cdots+(1-1)+\cdots$$

收敛于零，但是去掉括号之后的级数

$$\sum_{n=1}^{\infty}(-1)^{n+1}=1-1+1-1+1-1+\cdots$$

却是发散的.

然而由性质 9.1.3 可直接得如下推论：

推论 9.1.1　如果加括号后所得的级数发散，则原来级数也发散.

性质 9.1.4（级数收敛的必要条件）　如果级数$\sum_{n=1}^{\infty}u_n$收敛，则当$n\to\infty$时，它的一般项趋于零，即

$$\lim_{n\to\infty}u_n=0.$$

证明　设$\sum_{n=1}^{\infty}u_n=S$，由于$u_n=S_n-S_{n-1}$，故

$$\lim_{n\to\infty}u_n=\lim_{n\to\infty}(S_n-S_{n-1})=\lim_{n\to\infty}S_n-\lim_{n\to\infty}S_{n-1}=S-S=0.$$

由性质 9.1.4 可知，如果级数$\sum_{n=1}^{\infty}u_n$的一般项不趋于零（包含$\lim_{n\to\infty}u_n$不存在的情形），则该级数必定发散.

例 9.1.6　判断级数$\sum_{n=1}^{\infty}\frac{2n}{5n+8}$是否收敛.

解　由于级数的一般项

$$\lim_{n\to\infty}u_n=\lim_{n\to\infty}\frac{2n}{5n+8}=\frac{2}{5}\neq 0,$$

则由级数收敛的必要条件知，该级数发散.

级数收敛的必要条件常用来判定常数项级数发散，所以它十分重要.

注意：级数的一般项趋于零并不是级数收敛的充分条件，有些级数虽然一般项趋于零，但仍然是发散的.

例如，调和级数 $\sum\limits_{n=1}^{\infty}\frac{1}{n}$，显然 $\lim\limits_{n\to\infty}u_n=\lim\limits_{n\to\infty}\frac{1}{n}=0$，但我们已知它是发散的.

9.2 正项级数及其审敛法

正项级数及其审敛法

若级数 $\sum\limits_{n=1}^{\infty}u_n$ 的每一项 $u_n\geqslant 0$（$n=1,2,\cdots$），则称该级数为**正项级数**．正项级数是数项级数中比较特殊而又重要的一类．以后我们将看到，许多级数的收敛性问题可归结为正项级数的收敛性问题.

设 $\sum\limits_{n=1}^{\infty}u_n$（$u_n\geqslant 0$）是一个正项级数，部分和为 S_n．因为 $u_n\geqslant 0$（$n=1,2,\cdots$），所以 $S_{n+1}=S_n+u_{n+1}\geqslant S_n$（$n=1,2,\cdots$），即部分和数列 $\{S_n\}$ 是一个单调增加的数列：

$$S_1\leqslant S_2\leqslant\cdots\leqslant S_n\leqslant\cdots.$$

若数列 $\{S_n\}$ 有界，即存在某个正常数 M，使 $0\leqslant S_n\leqslant M$，根据单调有界数列必有极限准则可知，数列 $\{S_n\}$ 的极限 S 存在，并且 $S_n\leqslant S\leqslant M$，故正项级数 $\sum\limits_{n=1}^{\infty}u_n$ 收敛且其和为 S；反之，若正项级数 $\sum\limits_{n=1}^{\infty}u_n$（$u_n\geqslant 0$）收敛于 S，即 $\lim\limits_{n\to\infty}S_n=S$，根据收敛数列的有界性可知，数列 $\{S_n\}$ 有界．因此，我们得到了如下**基本定理**.

定理 9.2.1 正项级数 $\sum\limits_{n=1}^{\infty}u_n$ 收敛的充分必要条件是它的部分和数列 $\{S_n\}$ 有界.

反之，若正项级数 $\sum\limits_{n=1}^{\infty}u_n$ 发散，则它的部分和数列 $S_n\to+\infty\ (n\to\infty)$，即

$$\sum_{n=1}^{\infty}u_n=+\infty .$$

虽然这个定理的实用性有限，只在很少情形下才能直接应用它来判定正项级数的敛散性，但是它的理论价值很高．事实上，正项级数的所有实用的审敛法都是建立在它的基础上的，这就是我们对它冠以“基本定理”的原因．首先，根据上述基本定理，我们可得到关于正项级数的一个基本审敛法.

定理 9.2.2（比较审敛法） 设 $\sum\limits_{n=1}^{\infty}u_n$ 和 $\sum\limits_{n=1}^{\infty}v_n$ 都是正项级数，且满足 $u_n\leqslant v_n$

（$n=1,2,\cdots$），则

（1）若级数$\sum_{n=1}^{\infty}v_n$收敛，则级数$\sum_{n=1}^{\infty}u_n$收敛；

（2）若级数$\sum_{n=1}^{\infty}u_n$发散，则级数$\sum_{n=1}^{\infty}v_n$发散.

证明　（1）设级数$\sum_{n=1}^{\infty}v_n$收敛于和S，则级数$\sum_{n=1}^{\infty}u_n$的部分和

$$S_n=u_1+u_2+\cdots+u_n\leqslant v_1+v_2+\cdots+v_n\leqslant S\ (n=1,2,\cdots),$$

即正项级数$\sum_{n=1}^{\infty}u_n$的部分和数列$\{S_n\}$有界，由定理 9.2.1 可知，级数$\sum_{n=1}^{\infty}u_n$收敛.

（2）利用反证法证明. 假设级数$\sum_{n=1}^{\infty}v_n$收敛，则由（1）的结果可得$\sum_{n=1}^{\infty}u_n$必收敛，这与已知级数$\sum_{n=1}^{\infty}u_n$发散矛盾，因此可知结论（2）成立.

由于级数的每一项同乘以一个不为零的常数k，以及去掉级数前面的有限项不会影响级数的收敛性，我们可得如下推论.

推论 9.2.1　设$\sum_{n=1}^{\infty}u_n$和$\sum_{n=1}^{\infty}v_n$都是正项级数.

（1）若级数$\sum_{n=1}^{\infty}v_n$收敛，且存在正整数N，使得当$n\geqslant N$时，有$u_n\leqslant kv_n$（$k>0$）成立，则级数$\sum_{n=1}^{\infty}u_n$收敛；

（2）若级数$\sum_{n=1}^{\infty}v_n$发散，且存在正整数N，使得当$n\geqslant N$时，有$u_n\geqslant kv_n$（$k>0$）成立，则级数$\sum_{n=1}^{\infty}u_n$发散.

例 9.2.1　讨论$p-$级数

$$\sum_{n=1}^{\infty}\frac{1}{n^p}=1+\frac{1}{2^p}+\frac{1}{3^p}+\frac{1}{4^p}+\cdots+\frac{1}{n^p}+\cdots \tag{9.2.1}$$

的收敛性，其中常数$p>0$.

解　分两种情况讨论.

（1）当$0<p\leqslant 1$时，$p-$级数的各项大于等于调和级数$\sum_{n=1}^{\infty}\frac{1}{n}$的对应项，即$\frac{1}{n^p}\geqslant\frac{1}{n}$，但由于调和级数发散，因此根据比较审敛法可知，此时$p-$级数发散.

*（2）当 $p>1$ 时，记 $p-$ 级数的部分和为

$$S_n=\sum_{k=1}^{n}\frac{1}{k^p}=1+\frac{1}{2^p}+\frac{1}{3^p}+\frac{1}{4^p}+\cdots+\frac{1}{n^p}.$$

当 $p>1$ 时，取 $k-1\leqslant x\leqslant k$（$k=2,3,4,\cdots$），则有 $\frac{1}{k^p}\leqslant\frac{1}{x^p}$，所以

$$\frac{1}{k^p}=\int_{k-1}^{k}\frac{1}{k^p}\mathrm{d}x\leqslant\int_{k-1}^{k}\frac{1}{x^p}\mathrm{d}x\ (k=2,3,4,\cdots),$$

从而

$$\begin{aligned}S_n&=1+\frac{1}{2^p}+\frac{1}{3^p}+\frac{1}{4^p}+\cdots+\frac{1}{n^p}\\&\leqslant 1+\int_1^2\frac{1}{x^p}\mathrm{d}x+\int_2^3\frac{1}{x^p}\mathrm{d}x+\int_3^4\frac{1}{x^p}\mathrm{d}x+\cdots+\int_{n-1}^{n}\frac{1}{x^p}\mathrm{d}x\\&=1+\int_1^n\frac{1}{x^p}\mathrm{d}x=1+\frac{1}{p-1}\left(1-\frac{1}{n^{p-1}}\right)<1+\frac{1}{p-1}.\end{aligned}$$

这表明，当 $p>1$ 时，$p-$ 级数的部分和 S_n 有界．因此，当 $p>1$ 时，$p-$ 级数收敛．

综上所述，我们得到如下结论：$p-$ 级数 $\sum_{n=1}^{\infty}\frac{1}{n^p}$ 当 $p>1$ 时收敛，当 $0<p\leqslant 1$ 时发散．这个结论可以直接用来判定 $p-$ 级数的收敛性，并且该结论在以后判定级数收敛性时经常被用到．

例如，级数 $\sum_{n=1}^{\infty}\frac{1}{n^2}$ 是 $p=2$ 的 $p-$ 级数，故该级数收敛．

又如，级数 $\sum_{n=1}^{\infty}\frac{1}{\sqrt[3]{n^2}}$ 是 $p=\frac{2}{3}$ 的 $p-$ 级数，故该级数发散．

例 9.2.2 判定下列级数的敛散性．

（1）$\sum_{n=1}^{\infty}\frac{1}{\sqrt{n(n+1)}}$；（2）$\sum_{n=1}^{\infty}\frac{1}{\sqrt{n(n^2+1)}}$；（3）$\sum_{n=1}^{\infty}\frac{2+(-1)^n}{2^n}$．

解 （1）因为 $\frac{1}{\sqrt{n(n+1)}}>\frac{1}{\sqrt{(n+1)^2}}=\frac{1}{n+1}$，而级数 $\sum_{n=1}^{\infty}\frac{1}{n+1}$ 是发散的，根据比较审敛法可知，级数 $\sum_{n=1}^{\infty}\frac{1}{\sqrt{n(n+1)}}$ 是发散的．

（2）因为 $\frac{1}{\sqrt{n(n^2+1)}}<\frac{1}{\sqrt{n\cdot n^2}}=\frac{1}{n^{\frac{3}{2}}}$，而级数 $\sum_{n=1}^{\infty}\frac{1}{n^{\frac{3}{2}}}$ 是收敛的，根据比较审敛法可知，级数 $\sum_{n=1}^{\infty}\frac{1}{\sqrt{n(n^2+1)}}$ 收敛．

（3）因为 $\frac{2+(-1)^n}{2^n} \leqslant \frac{2+1}{2^n} = \frac{3}{2^n}$，而级数 $\sum_{n=1}^{\infty} \frac{3}{2^n}$ 是收敛的，根据比较审敛法可知，级数 $\sum_{n=1}^{\infty} \frac{2+(-1)^n}{2^n}$ 也是收敛的.

利用比较审敛法判断级数的敛散性要用到不等式的放大或者缩小，但是有时不易找到被比较的级数. 为应用上的方便，下面我们给出比较审敛法的极限形式.

定理 9.2.3（比较审敛法的极限形式） 设 $\sum_{n=1}^{\infty} u_n$ 和 $\sum_{n=1}^{\infty} v_n$ 是两个正项级数，且 $\lim_{n \to \infty} \frac{u_n}{v_n} = l$，其中 $0 \leqslant l \leqslant +\infty$.

（1）若 $0 < l < +\infty$，则级数 $\sum_{n=1}^{\infty} u_n$ 和级数 $\sum_{n=1}^{\infty} v_n$ 同时收敛或同时发散；

（2）若 $l = 0$，且级数 $\sum_{n=1}^{\infty} v_n$ 收敛，则级数 $\sum_{n=1}^{\infty} u_n$ 收敛；

（3）若 $l = +\infty$，且级数 $\sum_{n=1}^{\infty} v_n$ 发散，则级数 $\sum_{n=1}^{\infty} u_n$ 发散.

证明从略.

正项级数 $\sum_{n=1}^{\infty} u_n$ 的和是由一个个的正数 u_n 逐次相加累积起来的，如果每次加上的正数太“大”，最终会导致级数的部分和数列发散至 $+\infty$. 有时候虽然级数的一般项趋近于零，似乎每次加上的正数都“很小”，但是它们不断累积所得的部分和数列却仍可以是无穷大量（如调和级数）. 由此可见，对于正项级数 $\sum_{n=1}^{\infty} u_n$ 来说，要判断它是否收敛，除了要注意其一般项是否趋向于零以外，还要注意其一般项趋于零的“快慢”程度. 定理 9.2.3 告诉我们，对两个正项级数 $\sum_{n=1}^{\infty} u_n$ 和 $\sum_{n=1}^{\infty} v_n$，设 $\lim_{n \to \infty} u_n = 0, \lim_{n \to \infty} v_n = 0$，有

（1）若 u_n 和 v_n 是同阶无穷小（特别当 u_n 和 v_n 是等价无穷小），级数 $\sum_{n=1}^{\infty} u_n$ 和 $\sum_{n=1}^{\infty} v_n$ 同时收敛或同时发散；

（2）若 u_n 是 v_n 的高阶无穷小，则当级数 $\sum_{n=1}^{\infty} v_n$ 收敛，级数 $\sum_{n=1}^{\infty} u_n$ 必收敛；

（3）若 u_n 是 v_n 的低阶无穷小，则当级数 $\sum_{n=1}^{\infty} v_n$ 发散，级数 $\sum_{n=1}^{\infty} u_n$ 必发散.

例 9.2.3 判定下列级数的收敛性.

（1）$\sum_{n=1}^{\infty} \sin\frac{1}{n}$；（2）$\sum_{n=1}^{\infty} 2^n \sin\frac{\pi}{3^n}$；

（3）$\sum_{n=1}^{\infty} \ln\left(1+\frac{1}{n^2}\right)$；（4）$\sum_{n=1}^{\infty}\left(1-\cos\frac{\pi}{\sqrt{n}}\right)$.

解 （1）因为 $u_n = \sin\frac{1}{n} \sim \frac{1}{n}$（$n\to\infty$），令 $v_n = \frac{1}{n}$，则

$$\lim_{n\to\infty}\frac{u_n}{v_n} = \lim_{n\to\infty}\frac{\sin\frac{1}{n}}{\frac{1}{n}} = 1,$$

而调和级数 $\sum_{n=1}^{\infty}\frac{1}{n}$ 发散，根据比较审敛法的极限形式知，级数 $\sum_{n=1}^{\infty}\sin\frac{1}{n}$ 发散.

（2）因为 $\sin\frac{\pi}{3^n} \sim \frac{\pi}{3^n}$（$n\to\infty$），令 $v_n = 2^n\cdot\frac{\pi}{3^n}$，则

$$\lim_{n\to\infty}\frac{u_n}{v_n} = \lim_{n\to\infty}\frac{2^n\sin\frac{\pi}{3^n}}{2^n\cdot\frac{\pi}{3^n}} = 1,$$

而等比级数 $\sum_{n=1}^{\infty}2^n\cdot\frac{\pi}{3^n}$ 收敛，根据比较审敛法的极限形式可知，级数 $\sum_{n=1}^{\infty}2^n\sin\frac{\pi}{3^n}$ 收敛.

（3）因为 $\ln\left(1+\frac{1}{n^2}\right) \sim \frac{1}{n^2}$（$n\to\infty$），令 $v_n = \frac{1}{n^2}$，则

$$\lim_{n\to\infty}\frac{u_n}{v_n} = \lim_{n\to\infty}\frac{\ln\left(1+\frac{1}{n^2}\right)}{\frac{1}{n^2}} = 1,$$

而 $p-$级数 $\sum_{n=1}^{\infty}\frac{1}{n^2}$ 收敛，根据比较审敛法的极限形式知，级数 $\sum_{n=1}^{\infty}\ln\left(1+\frac{1}{n^2}\right)$ 收敛.

（4）因为 $1-\cos\frac{\pi}{\sqrt{n}} \sim \frac{1}{2}\left(\frac{\pi}{\sqrt{n}}\right)^2 = \frac{\pi^2}{2n}$（$n\to\infty$），令 $v_n = \frac{1}{n}$，则

$$\lim_{n\to\infty}\frac{u_n}{v_n} = \lim_{n\to\infty}\frac{1-\cos\frac{\pi}{\sqrt{n}}}{\frac{1}{n}} = \lim_{n\to\infty}\frac{\frac{\pi^2}{2n}}{\frac{1}{n}} = \frac{\pi^2}{2},$$

而调和级数 $\sum_{n=1}^{\infty}\frac{1}{n}$ 发散，根据比较审敛法的极限形式知，级数 $\sum_{n=1}^{\infty}\left(1-\cos\frac{\pi}{\sqrt{n}}\right)$ 发散.

注意： 在用比较审敛法以及比较审敛法的极限形式时，需要适当地选取一个已知其收敛性的级数 $\sum_{n=1}^{\infty}v_n$ 作为比较的基准. 从例 9.2.2 和例 9.2.3 可以看出，常用的基准级数是等比级数或 $p-$ 级数，并且可通过使用等价无穷小量的替换得到.

虽然比较审敛法的极限形式应用起来比较方便，但仍需要寻找作比较的基准级数，这还是有一定难度. 为了更加方便地判断级数的收敛性，接下来我们介绍比值审敛法.

定理 9.2.4［比值审敛法，达朗贝尔（D'Alembert）判别法］ 设 $\sum_{n=1}^{\infty}u_n$ 为正项级数，如果

$$\lim_{n\to\infty}\frac{u_{n+1}}{u_n}=\rho,$$

则

（1）当 $\rho<1$ 时，级数收敛；

（2）当 $1<\rho\leqslant+\infty$ 时，级数发散；

（3）当 $\rho=1$ 时，级数可能收敛，也可能发散.

证明从略.

例 9.2.4　判定下列级数的收敛性.

（1）$\sum_{n=1}^{\infty}\frac{n^n}{n!}$；　（2）$\sum_{n=1}^{\infty}\frac{n!}{10^n}$；　（3）$\sum_{n=1}^{\infty}\frac{n\cos^2\frac{n\pi}{3}}{2^{n-1}}$.

解　（1）因为

$$\lim_{n\to\infty}\frac{u_{n+1}}{u_n}=\lim_{n\to\infty}\frac{\frac{(n+1)^{n+1}}{(n+1)!}}{\frac{n^n}{n!}}=\lim_{n\to\infty}\frac{(n+1)^{n+1}}{(n+1)!}\cdot\frac{n!}{n^n}=\lim_{n\to\infty}\left(1+\frac{1}{n}\right)^n=\mathrm{e}>1,$$

根据比值审敛法可知，级数 $\sum_{n=1}^{\infty}\frac{n^n}{n!}$ 发散.

（2）因为

$$\lim_{n\to\infty}\frac{u_{n+1}}{u_n}=\lim_{n\to\infty}\frac{\frac{(n+1)!}{10^{n+1}}}{\frac{n!}{10^n}}=\lim_{n\to\infty}\frac{(n+1)!}{10^{n+1}}\cdot\frac{10^n}{n!}=\lim_{n\to\infty}\frac{n+1}{10}=+\infty,$$

根据比值审敛法可知，级数$\sum_{n=1}^{\infty}\frac{n!}{10^n}$发散.

（3）由于$\frac{n\cos^2\frac{n\pi}{3}}{2^{n-1}}\leqslant\frac{n}{2^{n-1}}$，对于级数$\sum_{n=1}^{\infty}\frac{n}{2^{n-1}}$，因为

$$\lim_{n\to\infty}\frac{u_{n+1}}{u_n}=\lim_{n\to\infty}\frac{\frac{n+1}{2^n}}{\frac{n}{2^{n-1}}}=\lim_{n\to\infty}\frac{n+1}{2^n}\cdot\frac{2^{n-1}}{n}=\frac{1}{2}<1,$$

根据比值审敛法可知，级数$\sum_{n=1}^{\infty}\frac{n}{2^{n-1}}$收敛. 再由比较审敛法可知，级数$\sum_{n=1}^{\infty}\frac{n\cos^2\frac{n\pi}{3}}{2^{n-1}}$收敛.

例 9.2.5 证明：$\lim_{n\to\infty}\frac{2^n n!}{n^n}=0$.

证明 构造级数$\sum_{n=1}^{\infty}\frac{2^n n!}{n^n}$，因为

$$\lim_{n\to\infty}\frac{u_{n+1}}{u_n}=\lim_{n\to\infty}\frac{\frac{2^{n+1}(n+1)!}{(n+1)^{n+1}}}{\frac{2^n n!}{n^n}}=\lim_{n\to\infty}\frac{2n^n}{(n+1)^n}$$

$$=\lim_{n\to\infty}\frac{2}{\left(1+\frac{1}{n}\right)^n}=\frac{2}{\mathrm{e}}<1,$$

根据比值审敛法可知，级数$\sum_{n=1}^{\infty}\frac{2^n n!}{n^n}$收敛. 所以由级数收敛的必要条件（性质 9.1.4）可得

$$\lim_{n\to\infty}\frac{2^n n!}{n^n}=0.$$

定理 9.2.5［根值审敛法，柯西（Cauchy）判别法］ 设$\sum_{n=1}^{\infty}u_n$为正项级数，如果

$$\lim_{n\to\infty}\sqrt[n]{u_n}=\rho,$$

则

（1）当$\rho<1$时，级数收敛；

（2）当$1<\rho\leqslant+\infty$时，级数发散；

（3）当 $\rho=1$ 时，级数可能收敛，也可能发散.

证明从略.

例 9.2.6　判定级数 $\sum\limits_{n=1}^{\infty}\left(\dfrac{n}{2n+1}\right)^n$ 的收敛性.

解　因为

$$\lim_{n\to\infty}\sqrt[n]{u_n}=\lim_{n\to\infty}\sqrt[n]{\left(\frac{n}{2n+1}\right)^n}=\lim_{n\to\infty}\frac{n}{2n+1}=\frac{1}{2}<1,$$

所以，根据根值审敛法可知，级数 $\sum\limits_{n=1}^{\infty}\left(\dfrac{n}{2n+1}\right)^n$ 收敛.

9.3　任意项级数的绝对收敛与条件收敛

任意项级数的绝对收敛与条件收敛

上一节讨论了正项级数的审敛法，本节讨论任意项级数（即各项可以为正数、零、负数的级数）的审敛法.

9.3.1　交错级数及其审敛法

各项正负交替的数项级数称为**交错级数**，它的一般形式为

$$\sum_{n=1}^{\infty}(-1)^{n-1}u_n=u_1-u_2+u_3-u_4+\cdots \tag{9.3.1}$$

或

$$\sum_{n=1}^{\infty}(-1)^{n}u_n=-u_1+u_2-u_3+u_4-\cdots, \tag{9.3.2}$$

其中 $u_n>0$（$n=1,2,\cdots$）.

因为级数（9.3.2）可以由级数（9.3.1）乘上 -1 得到，故我们按级数（9.3.1）的形式来证明关于交错级数的一个审敛法.

定理 9.3.1［莱布尼茨（Leibniz）定理］　如果交错级数 $\sum\limits_{n=1}^{\infty}(-1)^{n-1}u_n$ 满足以下两个条件：

（1）$u_n\geqslant u_{n+1}$（$n=1,2,\cdots$）；

（2）$\lim\limits_{n\to\infty}u_n=0$，

则级数 $\sum\limits_{n=1}^{\infty}(-1)^{n-1}u_n$ 收敛，且其和 $S\leqslant u_1$，其余项 r_n 的绝对值 $|r_n|\leqslant u_{n+1}$.

证明　先证明前 $2n$ 项的和 S_{2n} 的极限存在．为此把 S_{2n} 写成两种形式：

$$S_{2n}=(u_1-u_2)+(u_3-u_4)+(u_5-u_6)+\cdots+(u_{2n-1}-u_{2n})$$

及

$$S_{2n}=u_1-(u_2-u_3)-(u_4-u_5)-\cdots-(u_{2n-2}-u_{2n-1})-u_{2n}.$$

由条件（1）知道所有括弧中的差都是非负的. 由第一种形式可知数列 $\{S_{2n}\}$ 是单调增加的，由第二种形式可知 $S_{2n}<u_1$. 于是，根据单调有界数列必有极限准则可知，当 n 无限增大时，S_{2n} 趋于一个极限 S，并且 $S\leqslant u_1$，即

$$\lim_{n\to\infty}S_{2n}=S\leqslant u_1.$$

再证明前 $2n+1$ 项的和 S_{2n+1} 的极限也是 S. 事实上，我们有

$$S_{2n+1}=S_{2n}+u_{2n+1},$$

由条件（2）可知 $\lim\limits_{n\to\infty}u_{2n+1}=0$，因此

$$\lim_{n\to\infty}S_{2n+1}=\lim_{n\to\infty}(S_{2n}+u_{2n+1})=\lim_{n\to\infty}S_{2n}+\lim_{n\to\infty}u_{2n+1}=S.$$

由于级数的偶数项的和与奇数项的和趋于同一极限 S，故级数 $\sum\limits_{n=1}^{\infty}(-1)^{n-1}u_n$ 的部分和 S_n 当 $n\to\infty$ 时有极限 S. 这就证明了级数 $\sum\limits_{n=1}^{\infty}(-1)^{n-1}u_n$ 收敛于和 S，且 $S\leqslant u_1$.

最后，不难看出余项 r_n 的绝对值

$$|r_n|=u_{n+1}-u_{n+2}+\cdots.$$

上式右端也是一个交错级数，也满足收敛的两个条件，所以其和小于级数的第一项，也就是说

$$|r_n|\leqslant u_{n+1}.$$

例 9.3.1 判定级数 $\sum\limits_{n=1}^{\infty}(-1)^{n-1}\dfrac{1}{n}$ 的收敛性.

解 所给的级数为交错级数，且满足以下两个条件：

（1）$u_n=\dfrac{1}{n}>u_{n+1}=\dfrac{1}{n+1}$ （$n=1,2,\cdots$）；

（2）$\lim\limits_{n\to\infty}u_n=\lim\limits_{n\to\infty}\dfrac{1}{n}=0$.

根据莱布尼茨定理可知，级数 $\sum\limits_{n=1}^{\infty}(-1)^{n-1}\dfrac{1}{n}$ 收敛，如图 9.1 所示.

例 9.3.2 判定级数 $\sum\limits_{n=1}^{\infty}(-1)^{n}\left(\sqrt{n+1}-\sqrt{n}\right)$ 的收敛性.

解 所给的级数为交错级数，且

$$u_n=\sqrt{n+1}-\sqrt{n}=\frac{1}{\sqrt{n+1}+\sqrt{n}},\quad u_{n+1}=\sqrt{n+2}-\sqrt{n+1}=\frac{1}{\sqrt{n+2}+\sqrt{n+1}}.$$

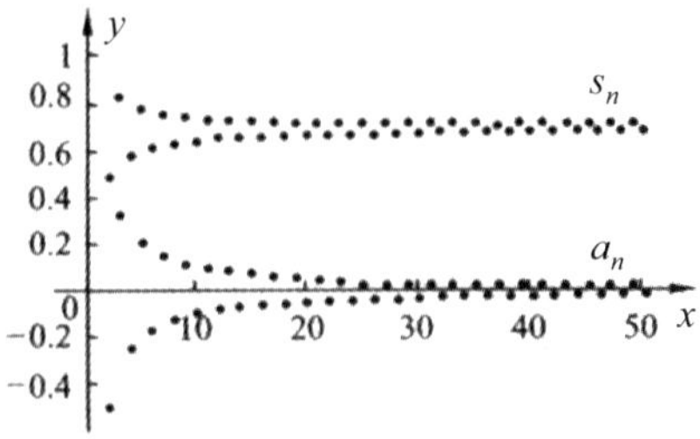

图 9.1

于是有

（1）$u_n=\dfrac{1}{\sqrt{n+1}+\sqrt{n}}>u_{n+1}=\dfrac{1}{\sqrt{n+2}+\sqrt{n+1}}$　$(n=1,2,\cdots)$；

（2）$\lim\limits_{n\to\infty}u_n=\lim\limits_{n\to\infty}\dfrac{1}{\sqrt{n+1}+\sqrt{n}}=0$．

根据莱布尼茨定理可知，级数 $\sum\limits_{n=1}^{\infty}(-1)^n\left(\sqrt{n+1}-\sqrt{n}\right)$ 收敛.

注意：莱布尼茨定理中的两个条件是充分非必要条件. 例如，级数

$$1-\frac{1}{2^2}+\frac{1}{3^3}-\frac{1}{4^2}+\cdots+\frac{1}{(2n-1)^3}-\frac{1}{(2n)^2}+\cdots$$

是收敛的，但其一般项 $u_n\to 0\ (n\to\infty)$ 时并不具有单调递减性.

9.3.2　绝对收敛与条件收敛

现在讨论一般的级数

$$\sum_{n=1}^{\infty}u_n=u_1+u_2+\cdots+u_n+\cdots,$$

它的各项为任意实数，我们称之**任意项级数**或**一般项级数**. 如果级数 $\sum\limits_{n=1}^{\infty}u_n$ 各项的绝对值所构成的正项级数 $\sum\limits_{n=1}^{\infty}|u_n|$ 收敛，则称级数 $\sum\limits_{n=1}^{\infty}u_n$ **绝对收敛**；如果级数 $\sum\limits_{n=1}^{\infty}u_n$ 收敛，而级数 $\sum\limits_{n=1}^{\infty}|u_n|$ 发散，则称级数 $\sum\limits_{n=1}^{\infty}u_n$ **条件收敛**.

易知，级数 $\sum\limits_{n=1}^{\infty}(-1)^{n-1}\dfrac{1}{n^2}$ 绝对收敛，而级数 $\sum\limits_{n=1}^{\infty}(-1)^{n-1}\dfrac{1}{n}$ 条件收敛.

级数绝对收敛与条件收敛有以下重要关系.

定理 9.3.2　绝对收敛的级数必收敛，即当级数 $\sum\limits_{n=1}^{\infty}|u_n|$ 收敛时，级数 $\sum\limits_{n=1}^{\infty}u_n$ 必

收敛.

证明 令

$$v_n = \frac{1}{2}\left(u_n + |u_n|\right) \quad (n = 1, 2, \cdots),$$

显然 $v_n \geqslant 0$，且 $v_n \leqslant |u_n|$（$n = 1, 2, \cdots$），因级数 $\sum_{n=1}^{\infty} |u_n|$ 收敛，故由比较审敛法可知，级数 $\sum_{n=1}^{\infty} v_n$ 收敛，从而级数 $\sum_{n=1}^{\infty} 2v_n$ 也收敛．而 $u_n = 2v_n - |u_n|$，由收敛级数的基本性质可知

$$\sum_{n=1}^{\infty} u_n = \sum_{n=1}^{\infty} 2v_n - \sum_{n=1}^{\infty} |u_n|,$$

所以级数 $\sum_{n=1}^{\infty} u_n$ 收敛.

定理 9.3.2 说明，对于任意项级数 $\sum_{n=1}^{\infty} u_n$，如果我们用正项级数的审敛法判定级数 $\sum_{n=1}^{\infty} |u_n|$ 收敛，则此级数 $\sum_{n=1}^{\infty} u_n$ 收敛，且为绝对收敛.

例 9.3.3 讨论级数 $\sum_{n=1}^{\infty} (-1)^n \frac{1}{n^p}$ $(p > 0)$ 的收敛性，若收敛，指出是绝对收敛还是条件收敛.

解 因为级数 $\sum_{n=1}^{\infty} \left|(-1)^n \frac{1}{n^p}\right| = \sum_{n=1}^{\infty} \frac{1}{n^p}$ 为 $p-$级数，故

（1）当 $p > 1$ 时，$p-$级数 $\sum_{n=1}^{\infty} \frac{1}{n^p}$ 收敛，所以级数 $\sum_{n=1}^{\infty} \left|(-1)^n \frac{1}{n^p}\right|$ 也收敛．由定理 9.3.2 知，级数 $\sum_{n=1}^{\infty} (-1)^n \frac{1}{n^p}$ 收敛，且为绝对收敛.

（2）当 $0 < p \leqslant 1$ 时，$p-$级数 $\sum_{n=1}^{\infty} \frac{1}{n^p}$ 发散，即级数 $\sum_{n=1}^{\infty} \left|(-1)^n \frac{1}{n^p}\right|$ 发散，所以原级数不是绝对收敛的．但对于交错级数 $\sum_{n=1}^{\infty} (-1)^n \frac{1}{n^p}$，令 $u_n = \frac{1}{n^p}$，则满足

$$u_n = \frac{1}{n^p} > \frac{1}{(n+1)^p} = u_{n+1} \ (n = 1, 2, \cdots), \quad 且 \ \lim_{n \to \infty} u_n = \lim_{n \to \infty} \frac{1}{n^p} = 0.$$

所以级数 $\sum_{n=1}^{\infty} (-1)^n \frac{1}{n^p}$ 收敛，且为条件收敛.

综上所述，我们得到如下结论：交错级数 $\sum_{n=1}^{\infty}(-1)^n \frac{1}{n^p}$ 当 $p>1$ 时绝对收敛，当 $0<p\leqslant 1$ 时条件收敛.

从上面的例子可知，级数 $\sum_{n=1}^{\infty}|u_n|$ 发散，不能判定级数 $\sum_{n=1}^{\infty}u_n$ 也发散．但是若用比值审敛法或者根值审敛法判定 $\sum_{n=1}^{\infty}|u_n|$ 发散，则 $\sum_{n=1}^{\infty}u_n$ 亦发散．这就是如下比较有用的定理.

定理 9.3.3　若任意项级数

$$\sum_{n=1}^{\infty}u_n = u_1+u_2+\cdots+u_n+\cdots$$

满足条件

$$\lim_{n\to\infty}\left|\frac{u_{n+1}}{u_n}\right| = \rho \quad （或 \lim_{n\to\infty}\sqrt[n]{|u_n|} = \rho ），$$

其中 ρ 可以为 $+\infty$ ，则

（1）当 $\rho<1$ 时，级数 $\sum_{n=1}^{\infty}u_n$ 收敛，且为绝对收敛；

（2）当 $\rho>1$ 时，级数 $\sum_{n=1}^{\infty}u_n$ 发散；

（3）当 $\rho=1$ 时，级数 $\sum_{n=1}^{\infty}u_n$ 的敛散性不能确定，需要另寻他法.

证明　由比值审敛法（或根值审敛法）可知，当 $\rho<1$ 时，级数 $\sum_{n=1}^{\infty}|u_n|$ 收敛，从而级数 $\sum_{n=1}^{\infty}u_n$ 收敛且为绝对收敛．当 $\rho>1$ 时，$\{|u_n|\}$ 为递增数列，故 $\lim_{n\to\infty}|u_n|\neq 0$，从而 $\lim_{n\to\infty}u_n\neq 0$，故级数 $\sum_{n=1}^{\infty}u_n$ 发散.

例 9.3.4　判定下列级数的收敛性.

（1）$\sum_{n=1}^{\infty}(-1)^n \frac{1}{2^n}\left(1+\frac{1}{n}\right)^{n^2}$；　　　（2）$\sum_{n=1}^{\infty}(-1)^n \frac{n!}{n^n}$.

解　（1）因为

$$\lim_{n\to\infty}\sqrt[n]{|u_n|} = \lim_{n\to\infty}\sqrt[n]{\left|(-1)^n \frac{1}{2^n}\left(1+\frac{1}{n}\right)^{n^2}\right|} = \lim_{n\to\infty}\frac{1}{2}\left(1+\frac{1}{n}\right)^n = \frac{1}{2}\mathrm{e}>1,$$

由根值审敛法知$\sum\limits_{n=1}^{\infty}|u_n|$发散，故根据定理 9.3.3 可知级数$\sum\limits_{n=1}^{\infty}(-1)^n\dfrac{1}{2^n}\left(1+\dfrac{1}{n}\right)^{n^2}$ 发散.

（2）因为

$$\lim_{n\to\infty}\left|\frac{u_{n+1}}{u_n}\right|=\lim_{n\to\infty}\frac{(n+1)!}{(n+1)^{n+1}}\cdot\frac{n^n}{n!}=\lim_{n\to\infty}\left(\frac{n}{n+1}\right)^n=\lim_{n\to\infty}\frac{1}{\left(1+\dfrac{1}{n}\right)^n}=\frac{1}{\mathrm{e}}<1,$$

由比值审敛法知$\sum\limits_{n=1}^{\infty}|u_n|$收敛，故根据定理 9.3.3 可知级数$\sum\limits_{n=1}^{\infty}(-1)^n\dfrac{n!}{n^n}$绝对收敛.

9.4 幂级数

幂级数

级数是研究函数的一个重要工具，在理论上和实际应用中都处于重要地位，这是因为：一方面能借助级数表示许多常用的非初等函数，微分方程的解就常用级数表示；另一方面又可将函数表示为级数，从而借助级数去研究函数，例如用幂级数研究非初等函数，以及进行近似计算等. 在前面几节中，我们讨论了常数项级数，下面我们将讨论幂级数这个常见且有用的函数项级数. 先介绍函数项级数的一般概念.

9.4.1 函数项级数的概念

若给定一个定义在区间 I 上的函数列

$$u_1(x),u_2(x),u_3(x),\cdots,u_n(x),\cdots,$$

则把下列表达式

$$\sum_{n=1}^{\infty}u_n(x)=u_1(x)+u_2(x)+u_3(x)+\cdots+u_n(x)+\cdots \tag{9.4.1}$$

称为**函数项无穷级数**，简称**函数项级数**.

例如

$$\sum_{n=1}^{\infty}x^{n-1}=1+x+\cdots+x^{n-1}+x^n+\cdots,$$

$$\sum_{n=1}^{\infty}\frac{\cos nx}{2(n+1)}=\frac{1}{2}+\frac{\cos x}{4}+\frac{\cos 2x}{6}+\cdots+\frac{\cos nx}{2(n+1)}+\cdots$$

都是$(-\infty,+\infty)$上的函数项级数.

对于区间 I 上的任意一个值 x_0，函数项级数（9.4.1）成为常数项级数

$$\sum_{n=1}^{\infty} u_n(x_0) = u_1(x_0) + u_2(x_0) + \cdots + u_n(x_0) + \cdots, \tag{9.4.2}$$

该级数可能收敛，也可能发散．如果级数（9.4.2）收敛，则称点 x_0 为函数项级数（9.4.1）的**收敛点**；如果级数（9.4.2）发散，则称点 x_0 为函数项级数（9.4.1）的**发散点**．收敛点的全体被称为函数项级数（9.4.1）的**收敛域**；发散点的全体被称为它的**发散域**．

例如，$\sum_{n=1}^{\infty} x^{n-1} = 1 + x + \cdots + x^{n-1} + x^n + \cdots$ 是以 x 为公比的等比级数，由 9.1 中的例题可知，当 $|x|<1$ 时，它是收敛的，其和为 $\frac{1}{1-x}$；当 $|x| \geqslant 1$ 时，它是发散的．因此，此级数的收敛域是 $(-1,1)$，发散域是 $(-\infty,-1] \cup [1,+\infty)$．

对应于收敛域内的任意一点 x，函数项级数成为一个收敛的常数项级数，因而它有一个确定的和 S．这样，在收敛域内，函数项级数的和是 x 的函数，被称为函数项级数的**和函数**，通常记为 $S(x)$，即

$$S(x) = \sum_{n=1}^{\infty} u_n(x) = u_1(x) + u_2(x) + \cdots + u_n(x) + \cdots.$$

显然，函数项级数和函数的定义域即为它的收敛域．

例如，$\sum_{n=1}^{\infty} x^{n-1} = 1 + x + \cdots + x^{n-1} + x^n + \cdots$ 的和函数为

$$S(x) = \frac{1}{1-x}, \quad x \in (-1,1),$$

即有

$$\frac{1}{1-x} = 1 + x + \cdots + x^{n-1} + x^n + \cdots, \quad x \in (-1,1).$$

将函数项级数（9.4.1）的前 n 项的**部分和**记作 $S_n(x)$，则在收敛域上有

$$\lim_{n\to\infty} S_n(x) = S(x).$$

在函数项级数的收敛域上，令 $r_n(x) = S(x) - S_n(x)$，则称 $r_n(x)$ 为函数项级数的**余项**．显然只有当 x 在收敛域上时，$r_n(x)$ 才有意义，并且 $\lim_{n\to\infty} r_n(x) = 0$．

9.4.2 幂级数及其收敛域

下面我们讨论一类最简单且应用较多的函数项级数，它的各项都是常数乘幂函数，即所谓的幂级数．

形如

$$\sum_{n=0}^{\infty} a_n x^n = a_0 + a_1 x + a_2 x^2 + \cdots + a_n x^n + \cdots \tag{9.4.3}$$

或者

$$\sum_{n=0}^{\infty} a_n (x - x_0)^n = a_0 + a_1 (x - x_0) + a_2 (x - x_0)^2 + \cdots + a_n (x - x_0)^n + \cdots \tag{9.4.4}$$

的函数项级数称为**幂级数**，其中常数 $a_0, a_1, a_2, \cdots, a_n, \cdots$ 称为幂级数的**系数**.

例如

$$1 + 2x + 3x^2 + \cdots + nx^{n-1} + \cdots,$$

$$1 + (x-1) + \frac{1}{2!}(x-1)^2 + \cdots + \frac{1}{n!}(x-1)^n + \cdots$$

都是幂级数.

不失一般性，我们只研究形如（9.4.3）的幂级数．因为经过变换 $t = x - x_0$，幂级数（9.4.4）就可化成幂级数（9.4.3）的形式.

现在我们来讨论：对于一个给定的幂级数，如何去求它的收敛域与发散域？即 x 取数轴上的什么点时，对应的函数值构成的数项级数是收敛的？

已知幂级数 $1 + x + x^2 + \cdots + x^n + \cdots$ 的收敛域为 $(-1,1)$，发散域为 $(-\infty,-1]$ 及 $[1,+\infty)$．实际上，例子中幂级数的收敛域是一个区间，这并不是偶然现象，对于一般幂级数也成立．我们有如下定理.

定理 9.4.1［阿贝尔（Abel）定理］ 若幂级数 $\sum_{n=0}^{\infty} a_n x^n$ 在 $x = x_0$ $(x_0 \neq 0)$ 处收敛，则适合不等式 $|x| < |x_0|$ 的一切 x，幂级数 $\sum_{n=0}^{\infty} a_n x^n$ 都绝对收敛；反之，若幂级数 $\sum_{n=0}^{\infty} a_n x^n$ 在 $x = x_0$ 处发散，则适合不等式 $|x| > |x_0|$ 的一切 x，幂级数 $\sum_{n=0}^{\infty} a_n x^n$ 都发散.

证明从略.

定理 9.4.1 表明，如果幂级数 $\sum_{n=0}^{\infty} a_n x^n$ 在 $x = x_0$ 处收敛，则对于开区间 $(-|x_0|,|x_0|)$ 内的任何 x，幂级数都收敛；如果幂级数 $\sum_{n=0}^{\infty} a_n x^n$ 在 $x = x_0$ 处发散，则对于闭区间 $[-|x_0|,|x_0|]$ 外的任何 x，幂级数都发散．由此，得到下述重要推论.

推论 9.4.1 若幂级数 $\sum_{n=0}^{\infty} a_n x^n$ 不是仅在 $x = 0$ 一点收敛，也不是在整个数轴上收敛，则必存在一个确定的正实数 R，使得

（1）当$|x|<R$时，幂级数绝对收敛；

（2）当$|x|>R$时，幂级数发散；

（3）当$x=\pm R$时，幂级数可能收敛也可能发散.

正数R通常被称为幂级数$\sum_{n=0}^{\infty}a_nx^n$的**收敛半径**，开区间$(-R,R)$称为幂级数$\sum_{n=0}^{\infty}a_nx^n$的**收敛区间**. 根据幂级数在端点$x=\pm R$处的收敛性，可以确定其收敛域为下述四种区间之一：

$$(-R,R),\ [-R,R),\ (-R,R],\ [-R,R].$$

如果幂级数$\sum_{n=0}^{\infty}a_nx^n$仅在$x=0$一点收敛，为了方便起见，规定这时其收敛半径$R=0$；如果幂级数$\sum_{n=0}^{\infty}a_nx^n$对于一切$x$都收敛，则规定其收敛半径$R=+\infty$，这时的收敛域为$(-\infty,+\infty)$.

由以上分析知，若求幂级数的收敛域，首先要计算出收敛半径R. 因此我们需要如下定理.

定理 9.4.2　给定幂级数$\sum_{n=0}^{\infty}a_nx^n$，如果其相邻两项的系数$a_n$，$a_{n+1}$满足

$$\lim_{n\to\infty}\left|\frac{a_{n+1}}{a_n}\right|=\rho,$$

则幂级数的收敛半径

$$R=\begin{cases}\dfrac{1}{\rho}, & 0<\rho<+\infty,\\ +\infty, & \rho=0,\\ 0, & \rho=+\infty.\end{cases}$$

证明　考虑正项级数$\sum_{n=0}^{\infty}|a_nx^n|$，对于$x\neq 0$，有

$$\lim_{n\to\infty}\left|\frac{a_{n+1}x^{n+1}}{a_nx^n}\right|=\lim_{n\to\infty}\left|\frac{a_{n+1}}{a_n}\right|\cdot|x|=\rho|x|.$$

（1）如果$0<\rho<+\infty$，根据比值审敛法，当$\rho|x|<1$时，即$|x|<\dfrac{1}{\rho}$时，级数$\sum_{n=0}^{\infty}|a_nx^n|$收敛，从而幂级数$\sum_{n=0}^{\infty}a_nx^n$绝对收敛；当$\rho|x|>1$时，即$|x|>\dfrac{1}{\rho}$，级数$\sum_{n=0}^{\infty}|a_nx^n|$

发散，从而幂级数$\sum_{n=0}^{\infty}a_nx^n$发散，且幂级数收敛半径为$R=\frac{1}{\rho}$.

（2）如果$\rho=0$，则对任意$x\neq 0$，有

$$\lim_{n\to\infty}\left|\frac{a_{n+1}x^{n+1}}{a_nx^n}\right|=\lim_{n\to\infty}\left|\frac{a_{n+1}}{a_n}\right|\cdot|x|=0<1,$$

所以对任意x，幂级数$\sum_{n=0}^{\infty}a_nx^n$都绝对收敛，从而幂级数收敛半径$R=+\infty$.

（3）如果$\rho=+\infty$，则对一切$x\neq 0$，有

$$\lim_{n\to\infty}\left|\frac{a_{n+1}x^{n+1}}{a_nx^n}\right|=\lim_{n\to\infty}\left|\frac{a_{n+1}}{a_n}\right|\cdot|x|=+\infty,$$

所以对任意$x\neq 0$，幂级数$\sum_{n=0}^{\infty}a_nx^n$都发散，从而幂级数收敛半径$R=0$.

例 9.4.1 求下列幂级数的收敛半径与收敛域.

（1）$\sum_{n=1}^{\infty}\frac{(-1)^{n-1}x^n}{(n+1)5^n}$；（2）$\sum_{n=0}^{\infty}\frac{1}{n!}x^n$；（3）$\sum_{n=0}^{\infty}n!x^n$（规定$0!=1$）.

解 （1）因为

$$\rho=\lim_{n\to\infty}\left|\frac{a_{n+1}}{a_n}\right|=\lim_{n\to\infty}\left|\frac{\frac{(-1)^n}{(n+2)5^{n+1}}}{\frac{(-1)^{n-1}}{(n+1)5^n}}\right|=\lim_{n\to\infty}\frac{1}{5}\cdot\frac{n+1}{n+2}=\frac{1}{5},$$

所以幂级数的收敛半径$R=\frac{1}{\rho}=5$，其收敛区间是$(-5,5)$.

当$x=-5$时，级数成为调和级数$\sum_{n=1}^{\infty}\frac{(-1)^{n-1}(-5)^n}{(n+1)5^n}=\sum_{n=1}^{\infty}\frac{-1}{n+1}$，此级数发散；

当$x=5$时，级数成为交错级数$\sum_{n=1}^{\infty}\frac{(-1)^{n-1}5^n}{(n+1)5^n}=\sum_{n=1}^{\infty}\frac{(-1)^{n-1}}{n+1}$，此级数收敛.

因此，幂级数的收敛域为$(-5,5]$.

（2）因为

$$\rho=\lim_{n\to\infty}\left|\frac{a_{n+1}}{a_n}\right|=\lim_{n\to\infty}\frac{\frac{1}{(n+1)!}}{\frac{1}{n!}}=\lim_{n\to\infty}\frac{1}{n+1}=0,$$

所以幂级数的收敛半径$R=+\infty$，从而其收敛域是$(-\infty,+\infty)$.

（3）因为

$$\rho=\lim_{n\to\infty}\left|\frac{a_{n+1}}{a_n}\right|=\lim_{n\to\infty}\frac{(n+1)!}{n!}=\lim_{n\to\infty}(n+1)=+\infty,$$

所以幂级数的收敛半径 $R=0$，即此级数仅在点 $x=0$ 处收敛.

例 9.4.2　求幂级数 $\sum_{n=1}^{\infty}\frac{2n-1}{2^n}x^{2n-2}$ 的收敛域.

解　此幂级数缺少奇次幂的项，不能直接应用定理 9.4.2．我们根据比值审敛法来求收敛半径：

$$\lim_{n\to\infty}\left|\frac{\frac{2n+1}{2^{n+1}}x^{2n}}{\frac{2n-1}{2^n}x^{2n-2}}\right|=\lim_{n\to\infty}\frac{2n+1}{2(2n-1)}x^2=\frac{1}{2}x^2.$$

当 $\frac{x^2}{2}<1$，即 $|x|<\sqrt{2}$ 时，级数收敛；当 $\frac{x^2}{2}>1$，即 $|x|>\sqrt{2}$ 时，级数发散, 所以收敛半径 $R=\sqrt{2}$；

当 $x=\pm\sqrt{2}$ 时，级数成为 $\sum_{n=1}^{\infty}\frac{2n-1}{2}$，此级数发散.

因此幂级数 $\sum_{n=1}^{\infty}\frac{2n-1}{2^n}x^{2n-2}$ 的收敛域为 $\left(-\sqrt{2},\sqrt{2}\right)$.

例 9.4.3　求幂级数 $\sum_{n=1}^{\infty}\frac{1}{2^n\cdot n}(x-1)^n$ 的收敛域.

解　**方法 1**　利用定理 9.4.2.

令 $t=x-1$，则上述级数变为 $\sum_{n=1}^{\infty}\frac{1}{2^n\cdot n}t^n$．因为

$$\rho=\lim_{n\to\infty}\left|\frac{a_{n+1}}{a_n}\right|=\lim_{n\to\infty}\frac{\frac{1}{2^{n+1}(n+1)}}{\frac{1}{2^n\cdot n}}=\lim_{n\to\infty}\frac{n}{2(n+1)}=\frac{1}{2},$$

所以级数 $\sum_{n=1}^{\infty}\frac{1}{2^n\cdot n}t^n$ 的收敛半径 $R=2$，其收敛区间为 $|t|<2$，即 $-1<x<3$.

当 $x=-1$ 时，级数成为交错级数 $\sum_{n=0}^{\infty}\frac{(-1)^n}{n}$，级数收敛；

当 $x=3$ 时，级数成为调和级数 $\sum_{n=0}^{\infty}\frac{1}{n}$，级数发散.

因此，幂级数 $\sum_{n=1}^{\infty}\frac{1}{2^n\cdot n}(x-1)^n$ 的收敛域为 $[-1,3)$.

方法 2 直接利用比值审敛法.

$$\lim_{n\to\infty}\left|\frac{\dfrac{(x-1)^{n+1}}{2^{n+1}\cdot(n+1)}}{\dfrac{(x-1)^n}{2^n\cdot n}}\right|=\lim_{n\to\infty}\frac{n}{2(n+1)}|x-1|=\frac{1}{2}|x-1|.$$

当 $\frac{1}{2}|x-1|<1$，即 $-1<x<3$ 时，级数收敛；当 $\frac{1}{2}|x-1|>1$，即 $x>3$ 或者 $x<-1$ 时，级数发散．所以幂级数的收敛区间为 $(-1,3)$．

当 $x=-1$ 时，级数成为交错级数 $\sum_{n=0}^{\infty}\frac{(-1)^n}{n}$，级数收敛；

当 $x=3$ 时，级数成为调和级数 $\sum_{n=0}^{\infty}\frac{1}{n}$，级数发散.

因此，$\sum_{n=1}^{\infty}\frac{1}{2^n\cdot n}(x-1)^n$ 的收敛域为 $[-1,3)$．

方法 3 直接利用根值审敛法.

$$\lim_{n\to\infty}\sqrt[n]{\left|\frac{(x-1)^n}{2^n\cdot n}\right|}=\lim_{n\to\infty}\frac{1}{2\sqrt[n]{n}}\,|\,x-1\,|=\frac{1}{2}\,|\,x-1\,|.$$

如同方法 2 讨论，可得 $\sum_{n=1}^{\infty}\frac{1}{2^n\cdot n}(x-1)^n$ 的收敛域为 $[-1,3)$．

9.4.3 幂级数的运算及其性质

设幂级数

$$\sum_{n=0}^{\infty}a_nx^n=a_0+a_1x+a_2x^2+\cdots+a_nx^n+\cdots$$

及

$$\sum_{n=0}^{\infty}b_nx^n=b_0+b_1x+b_2x^2+\cdots+b_nx^n+\cdots$$

的收敛半径分别为 R_1 和 R_2，则两个幂级数可以进行下述四则运算.

1．加、减法

$$\begin{aligned}&\left(\sum_{n=0}^{\infty}a_nx^n\right)\pm\left(\sum_{n=0}^{\infty}b_nx^n\right)\\&=\left(a_0+a_1x+a_2x^2+\cdots+a_nx^n+\cdots\right)\pm\left(b_0+b_1x+b_2x^2+\cdots+b_nx^n+\cdots\right)\\&=(a_0\pm b_0)+(a_1\pm b_1)x+(a_2\pm b_2)x^2+\cdots+(a_n\pm b_n)x^n+\cdots\end{aligned}$$

$$=\sum_{n=0}^{\infty}\left(a_n \pm b_n\right)x^n,$$

且新幂级数的收敛半径 $R=\min\{R_1,R_2\}$.

2. 乘法

$$\begin{aligned}&\left(\sum_{n=0}^{\infty}a_nx^n\right)\cdot\left(\sum_{n=0}^{\infty}b_nx^n\right)\\&=\left(a_0+a_1x+a_2x^2+\cdots+a_nx^n+\cdots\right)\cdot\left(b_0+b_1x+b_2x^2+\cdots+b_nx^n+\cdots\right)\\&=a_0b_0+\left(a_0b_1+a_1b_0\right)x+\left(a_0b_2+a_1b_1+a_2b_0\right)x^2+\cdots\\&\quad+\left(a_0b_n+a_1b_{n-1}+\cdots+a_{n-1}b_1+a_nb_0\right)x^n+\cdots,\end{aligned}$$

且新幂级数的收敛半径 $R=\min\{R_1,R_2\}$.

3. 幂级数的和函数的性质

性质 9.4.1　幂级数 $\sum_{n=0}^{\infty}a_nx^n$ 的和函数 $S(x)$ 在其收敛域 I 上连续.

性质 9.4.2　幂级数 $\sum_{n=0}^{\infty}a_nx^n$ 的和函数 $S(x)$ 在其收敛域 I 上可积，并有逐项积分公式

$$\int_0^x S(x)\mathrm{d}x=\int_0^x\left(\sum_{n=0}^{\infty}a_nx^n\right)\mathrm{d}x=\sum_{n=0}^{\infty}\int_0^x a_nx^n\mathrm{d}x=\sum_{n=0}^{\infty}\frac{a_n}{n+1}x^{n+1}\ (x\in I),$$

逐项积分后所得的幂级数与原幂级数有相同的收敛半径.

性质 9.4.3　幂级数 $\sum_{n=0}^{\infty}a_nx^n$ 的和函数 $S(x)$ 在其收敛区间 $(-R,R)$ 内可导，并有逐项求导公式

$$S'(x)=\left(\sum_{n=0}^{\infty}a_nx^n\right)'=\sum_{n=0}^{\infty}\left(a_nx^n\right)'=\sum_{n=1}^{\infty}na_nx^{n-1}\ (|x|<R),$$

逐项求导后所得的幂级数与原幂级数有相同的收敛半径.

利用以上性质，可求一些幂级数的和函数.

例 9.4.4　求幂级数 $\sum_{n=0}^{\infty}\frac{x^n}{n+1}$ 的和函数.

解　幂级数只有在收敛域中才有和函数，故先求收敛域. 由

$$\rho=\lim_{n\to\infty}\left|\frac{a_{n+1}}{a_n}\right|=\lim_{n\to\infty}\frac{\frac{1}{n+2}}{\frac{1}{n+1}}=\lim_{n\to\infty}\frac{n+1}{n+2}=1$$

得收敛半径 $R=1$，收敛区间为 $(-1,1)$.

当 $x=-1$ 时，级数成为交错级数 $\sum_{n=0}^{\infty}\frac{(-1)^n}{n+1}$，级数收敛；

当 $x=1$ 时，级数成为调和级数 $\sum_{n=0}^{\infty}\frac{1}{n+1}$，级数发散.

因此，幂级数 $\sum_{n=0}^{\infty}\frac{x^n}{n+1}$ 的收敛域为 $[-1,1)$.

在收敛域 $[-1,1)$ 上，设和函数 $S(x)=\sum_{n=0}^{\infty}\frac{x^n}{n+1}$，于是

$$xS(x)=x\sum_{n=0}^{\infty}\frac{x^n}{n+1}=\sum_{n=0}^{\infty}\frac{x^{n+1}}{n+1}.$$

利用性质 9.4.3，逐项求导，并由等比级数

$$\sum_{n=0}^{\infty}x^n=1+x+x^2+\cdots+x^n+\cdots=\frac{1}{1-x}\ (|x|<1)$$

得

$$[xS(x)]'=\left(\sum_{n=0}^{\infty}\frac{x^{n+1}}{n+1}\right)'=\sum_{n=0}^{\infty}\left(\frac{x^{n+1}}{n+1}\right)'=\sum_{n=0}^{\infty}x^n=\frac{1}{1-x}\ (|x|<1),$$

对上式从 0 到 x 积分，得

$$\int_0^x[xS(x)]'\,\mathrm{d}x=xS(x)=\int_0^x\frac{1}{1-x}\mathrm{d}x=-\ln(1-x)\ (-1\leqslant x<1).$$

于是，当 $x\neq 0$ 时，有

$$S(x)=-\frac{1}{x}\ln(1-x)\ (-1\leqslant x<1).$$

而 $S(0)$ 可由 $S(0)=1$ 得出，故

$$S(x)=\begin{cases}-\dfrac{1}{x}\ln(1-x), & x\in[-1,0)\cup(0,1),\\ 1, & x=0.\end{cases}$$

注意：对于幂级数和函数的求解，基本上是逐项求导再积分或逐项积分再求导，目的是将所求幂级数转化为等比级数，易求和.

9.5 函数的泰勒级数

上一节讨论了幂级数的收敛域及其和函数的性质，并且知道了一个幂级数在收敛域内收敛到其和函数. 但在许多应用中，我们遇到的却是相反的问题：一个函数 $f(x)$ 在什么条件下可以表示成幂级数，而表示成的幂级数在其收敛域内的和

是否恰好为函数 $f(x)$. 解决这个问题有很重要的应用价值，因为它给出了函数 $f(x)$ 的一种新的表达方式，并使我们可以用简单函数——多项式来逼近一般函数 $f(x)$，这是本节要讨论的问题.

9.5.1 泰勒级数与麦克劳林级数

在第 4 章中我们学习了拉格朗日中值定理，如果我们将该定理进行推广，可以得到泰勒中值定理，也称泰勒公式.

定理 9.5.1（泰勒定理） 如果函数 $f(x)$ 在含有 x_0 的某个开区间 (a,b) 内具有直到 $n+1$ 阶的导数，则对任意 $x\in(a,b)$，有

$$f(x)=f(x_0)+f'(x_0)(x-x_0)+\frac{f''(x_0)}{2!}(x-x_0)^2+\cdots+\frac{f^{(n)}(x_0)}{n!}(x-x_0)^n+R_n(x), \tag{9.5.1}$$

其中

$$R_n(x)=\frac{f^{(n+1)}(\xi)}{(n+1)!}(x-x_0)^{n+1}, \tag{9.5.2}$$

这里的 ξ 是介于 x_0 与 x 之间的某个值.

证明从略.

公式（9.5.1）称为按 $(x-x_0)$ 的幂展开的 n 阶**泰勒公式**，式（9.5.2）中的 $R_n(x)$ 称为**拉格朗日型余项**.

在泰勒公式中令 $x_0=0$，则称

$$f(x)=f(0)+f'(0)x+\frac{f''(0)}{2!}x^2+\cdots+\frac{f^{(n)}(0)}{n!}x^n+\frac{f^{(n+1)}(\theta x)}{(n+1)!}x^{n+1}\quad(0<\theta<1) \tag{9.5.3}$$

为**麦克劳林公式**.

我们称级数

$$f(x_0)+f'(x_0)(x-x_0)+\frac{f''(x_0)}{2!}(x-x_0)^2+\cdots+\frac{f^{(n)}(x_0)}{n!}(x-x_0)^n+\cdots \tag{9.5.4}$$

为 $f(x)$ 在点 x_0 处的**泰勒级数**，而展开式

$$f(x)=\sum_{n=0}^{\infty}\frac{f^{(n)}(x_0)}{n!}(x-x_0)^n,\ x\in U(x_0), \tag{9.5.5}$$

称为函数 $f(x)$ 在 x_0 处的**泰勒展开式**.

显然，当 $x=x_0$ 时，$f(x)$ 的泰勒级数收敛于 $f(x_0)$，但除了 $x=x_0$ 外，它是否收敛？如果它收敛，是否一定收敛于 $f(x)$？对于这些问题，有下述定理.

定理 9.5.2 如果函数 $f(x)$ 在点 x_0 的某一邻域 $U(x_0)$ 内具有任意阶导数，则在该邻域内，$f(x)$ 在点 x_0 处可以展开为泰勒级数的充要条件是，在该邻域内 $f(x)$ 的泰勒公式中的余项 $r_n(x)$ 当 $n\to\infty$ 时的极限为零，即

$$\lim_{n\to\infty} R_n(x)=0 .$$

证明 令

$$p_n(x)=f(x_0)+f'(x_0)(x-x_0)+\frac{f''(x_0)}{2!}(x-x_0)^2+\cdots+\frac{f^{(n)}(x_0)}{n!}(x-x_0)^n ,$$

则

$$r_n(x)=f(x)-p_n(x) .$$

先证必要性. 如果 $f(x)$ 在点 x_0 处可以展开为泰勒级数，即

$$f(x)=f(x_0)+f'(x_0)(x-x_0)+\frac{f''(x_0)}{2!}(x-x_0)^2+\cdots+\frac{f^{(n)}(x_0)}{n!}(x-x_0)^n+\cdots ,$$

则 $f(x)$ 泰勒级数的和函数 $p_n(x)$ 为其前 $n+1$ 项的和，故

$$\lim_{n\to\infty} p_n(x)=f(x) ,$$

所以

$$\lim_{n\to\infty} r_n(x)=\lim_{n\to\infty}\left[f(x)-p_n(x)\right]=0 .$$

再证充分性. 设 $\lim\limits_{n\to\infty} R_n(x)=0$ 对一切 $x\in U(x_0)$ 成立. 由 $f(x)$ 的 n 阶泰勒公式有

$$p_n(x)=f(x)-r_n(x) ,$$

令 $n\to\infty$，上式取极限得

$$\lim_{n\to\infty} p_n(x)=\lim_{n\to\infty}\left[f(x)-r_n(x)\right]=f(x) ,$$

即 $f(x)$ 的泰勒级数在 $x\in U(x_0)$ 内收敛，并且收敛于 $f(x)$.

注意： 函数 $f(x)$ 的泰勒级数与其泰勒展开式不是同一概念，$f(x)$ 的泰勒级数未必收敛于 $f(x)$，而 $f(x)$ 的泰勒展开式一定收敛于 $f(x)$. 若函数 $f(x)$ 在 x_0 的某一邻域 $U(x_0)$ 内具有任意阶导数 $f^{(n)}(x)$，则 $\sum\limits_{n=0}^{\infty}\frac{f^{(n)}(x_0)}{n!}(x-x_0)^n$ 就是函数 $f(x)$ 的泰勒级数. 此级数在 x_0 的某一邻域 $U(x_0)$ 内是否收敛，以及如果收敛，其和函数是否为 $f(x)$，还需要用泰勒定理验证. 只有当级数 $\sum\limits_{n=0}^{\infty}\frac{f^{(n)}(x_0)}{n!}(x-x_0)^n$ 在 x_0 的某一邻域 $U(x_0)$ 内收敛且其和函数为 $f(x)$ 时，才可以说 $f(x)$ 在 x_0 的某一邻域 $U(x_0)$ 内

可展开成泰勒级数，即 $f(x)=\sum_{n=0}^{\infty}\frac{f^{(n)}(x_0)}{n!}(x-x_0)^n$ 就是 $f(x)$ 的泰勒展开式.

在泰勒级数（9.5.4）中，取 $x_0=0$，得

$$\sum_{n=0}^{\infty}\frac{f^{(n)}(0)}{n!}x^n=f(0)+f'(0)x+\frac{f''(0)}{2!}x^2+\cdots+\frac{f^{(n)}(0)}{n!}x^n+\cdots, \tag{9.5.6}$$

该级数称为 $f(x)$ 的**麦克劳林级数**. 如果函数 $f(x)$ 能在 $(-R,R)$ 内展开成 x 的幂级数，则有

$$f(x)=\sum_{n=0}^{\infty}\frac{f^{(n)}(0)}{n!}x^n\ (|x|<R). \tag{9.5.7}$$

上式称为函数 $f(x)$ 的**麦克劳林展开式**.

9.5.2　函数展开成幂级数的方法

只要作适当的替换，就可把麦克劳林展开式转化为泰勒展开式，因此把函数展开成含 x 的幂级数通常是指展开成麦克劳林级数，即

$$f(x)=\sum_{n=0}^{\infty}\frac{f^{(n)}(0)}{n!}x^n\ (|x|<R).$$

要把函数 $f(x)$ 展开成 x 的幂级数，可以按照下列步骤进行：

（1）求出 $f(x)$ 的各阶导数；

（2）求出 $f(x)$ 及其各阶导数在 $x=0$ 处的值；

（3）写出幂级数

$$f(0)+f'(0)x+\frac{f''(0)}{2!}x^2+\cdots+\frac{f^{(n)}(0)}{n!}x^n+\cdots$$

并求出收敛半径；

（4）考察当 $x\in(-R,R)$ 时，余项

$$r_n(x)=\frac{f^{(n+1)}(\theta x)}{(n+1)!}x^{n+1}\ (0<\theta<1)$$

极限是否为零，若 $\lim_{n\to\infty}r_n(x)=0$，则有

$$f(x)=f(0)+f'(0)x+\frac{f''(0)}{2!}x^2+\cdots+\frac{f^{(n)}(0)}{n!}x^n+\cdots\quad x\in(-R,R).$$

我们称上述方法为**直接展开法**.

例 9.5.1　将函数 $f(x)=\mathrm{e}^x$ 展开成 x 的幂级数.

解　利用直接展开法.

（1）$f(x)$ 的各阶导数：$f'(x)=\mathrm{e}^x$，$f''(x)=\mathrm{e}^x,\cdots$，$f^{(n)}(x)=\mathrm{e}^x,\cdots$.

（2）$f(x)$ 及其各阶导数在 $x=0$ 处的值：

$$f(0)=1,\ f'(0)=1,\ f''(0)=1,\ \cdots,\ f^{(n)}(0)=1,\ \cdots.$$

（3）得到幂级数为

$$1+x+\frac{1}{2!}x^2+\cdots+\frac{1}{n!}x^n+\cdots,$$

其收敛半径 $R=+\infty$.

（4）验证 $\lim\limits_{n\to\infty}r_n(x)=0$ 是否成立．对任意的实数 x ，余项的绝对值为

$$|R_n(x)|=\left|\frac{f^{(n+1)}(\theta x)}{(n+1)!}x^{n+1}\right|=\left|\frac{\mathrm{e}^{\theta x}}{(n+1)!}x^{n+1}\right|\leqslant \mathrm{e}^{|x|}\frac{|x|^{n+1}}{(n+1)!},$$

考虑级数 $\sum\limits_{n=0}^{\infty}\mathrm{e}^{|x|}\frac{|x|^{n+1}}{(n+1)!}$ ，由比值审敛法可知其收敛，再由级数收敛的必要条件知其一般项的极限为零，即

$$\lim_{n\to\infty}\mathrm{e}^{|x|}\frac{|x|^{n+1}}{(n+1)!}=0 .$$

于是对于 $(-\infty,+\infty)$ 的一切 x ，有

$$\lim_{n\to\infty}r_n(x)=0 .$$

于是得 e^x 的展开式为

$$\mathrm{e}^x=1+x+\frac{1}{2!}x^2+\cdots+\frac{1}{n!}x^n+\cdots\ (-\infty<x<+\infty). \tag{9.5.8}$$

例 9.5.2 将函数 $f(x)=\sin x$ 展开成 x 的幂级数.

解 利用直接展开法.

（1）$f(x)$ 的各阶导数：$f^{(n)}(x)=\sin\left(x+\frac{n}{2}\pi\right)$ （$n=1,2,3,\cdots$）.

（2）$f(x)$ 及其各阶导数在 $x=0$ 处的值：

$$f(0)=0,\ f'(0)=1,\ f''(0)=0,\ f'''(0)=-1,\ \cdots,$$

$f^{(n)}(0)$ 依次循环地取 $0,1,0,-1,\cdots$（$n=0,1,2,3,\cdots$）.

（3）得到幂级数为

$$x-\frac{x^3}{3!}+\frac{x^5}{5!}-\frac{x^7}{7!}+\cdots+(-1)^k\frac{x^{2k+1}}{(2k+1)!}+\cdots,$$

其收敛半径 $R=+\infty$.

（4）验证 $\lim\limits_{n\to\infty}r_n(x)=0$ 是否成立．对任意的实数 x ，余项的绝对值

$$\left|R_n(x)\right|=\left|\frac{\sin\left[\theta x+\frac{(n+1)\pi}{2}\right]}{(n+1)!}x^{n+1}\right|\leqslant\frac{|x|^{n+1}}{(n+1)!}\to 0\ (n\to\infty).$$

因此得 $\sin x$ 展开式

$$\sin x=x-\frac{x^3}{3!}+\frac{x^5}{5!}-\frac{x^7}{7!}+\cdots+(-1)^k\frac{x^{2k+1}}{(2k+1)!}+\cdots\quad(-\infty<x<+\infty).\qquad(9.5.9)$$

利用直接展开法，同样可以得到 $(1+x)^m$ 幂级数展开式（求解从略），即

$$\begin{aligned}(1+x)^m&=1+mx+\frac{m(m-1)}{2!}x^2+\cdots+\frac{m(m-1)\cdots(m-n+1)}{n!}x^n+\cdots\\&=1+\sum_{n=1}^{\infty}\frac{m(m-1)\cdots(m-n+1)}{n!}x^n\quad(-1<x<1).\qquad(9.5.10)\end{aligned}$$

在 $x=\pm1$ 处，展开式（9.5.10）是否成立，由 m 的具体数值而定.

在公式（9.5.10）中，当 m 为正整数时，级数为 x 的 m 次多项式，这就是代数学中的二项式定理，因此公式（9.5.10）也称为**二项展开式**.

对应于 $m=\frac{1}{2},m=-\frac{1}{2}$ 的二项展开式分别为

$$\sqrt{1+x}=1+\frac{1}{2}x-\frac{1}{2\cdot4}x^2+\frac{1\cdot3}{2\cdot4\cdot6}x^3-\frac{1\cdot3\cdot5}{2\cdot4\cdot6\cdot8}x^4+\cdots\quad(-1\leqslant x\leqslant1),$$

$$\frac{1}{\sqrt{1+x}}=1-\frac{1}{2}x+\frac{1\cdot3}{2\cdot4}x^2-\frac{1\cdot3\cdot5}{2\cdot4\cdot6}x^3+\frac{1\cdot3\cdot5\cdot7}{2\cdot4\cdot6\cdot8}x^4-\cdots\quad(-1<x\leqslant1).$$

由以上例子可以看出，利用直接展开法将函数展开成幂级数，计算量较大，而且研究余项也不是一件容易的事情．下面介绍间接展开的方法（间接展开法）.

所谓**间接展开法**，就是利用一些已知函数的幂级数展开式，通过幂级数的运算（如四则运算、逐项求导、逐项积分）以及变量代换等，获得所求函数的幂级数展开式．这样做不但计算简单，并且避免研究余项.

例 9.5.3　将函数 $f(x)=\cos x$ 展开成 x 的幂级数.

解　因为 $(\sin x)'=\cos x$，故对（9.5.9）逐项求导可得到 $\cos x$ 的展开式，即

$$\begin{aligned}\cos x&=(\sin x)'\\&=\left[x-\frac{x^3}{3!}+\frac{x^5}{5!}-\frac{x^7}{7!}+\cdots+(-1)^k\frac{x^{2k+1}}{(2k+1)!}+\cdots\right]'\\&=1-\frac{x^2}{2!}+\frac{x^4}{4!}-\frac{x^6}{6!}+\cdots+(-1)^k\frac{x^{2k}}{(2k)!}+\cdots,\end{aligned}$$

由幂级数和函数的性质可知，上式的收敛半径 $R=+\infty$，因此得到

$$\cos x = 1 - \frac{x^2}{2!} + \frac{x^4}{4!} - \frac{x^6}{6!} + \cdots + (-1)^k \frac{x^{2k}}{(2k)!} + \cdots \quad (-\infty < x < +\infty). \tag{9.5.11}$$

我们前面已经求出几个常用的幂级数的展开式：

$$e^x = \sum_{n=0}^{\infty} \frac{1}{n!} x^n \ (-\infty < x < +\infty),$$

$$\sin x = \sum_{n=0}^{\infty} (-1)^n \frac{x^{2n+1}}{(2n+1)!} \ (-\infty < x < +\infty),$$

$$\cos x = \sum_{n=0}^{\infty} (-1)^n \frac{x^{2n}}{(2n)!} \ (-\infty < x < +\infty),$$

$$\frac{1}{1+x} = \sum_{n=0}^{\infty} (-1)^n x^n \quad (-1 < x < 1). \tag{9.5.12}$$

对（9.5.12）式两边从 0 到 x 进行积分，可得

$$\ln(1+x) = \sum_{n=0}^{\infty} \frac{(-1)^n}{n+1} x^{n+1} = \sum_{n=1}^{\infty} \frac{(-1)^{n-1}}{n} x^n \quad (-1 < x \leqslant 1). \tag{9.5.13}$$

以上五个幂级数展开式是最常用的，需要大家记住．下面再举几个用间接展开法把函数展开成幂级数的例子．

例 9.5.4 将函数 $f(x) = \ln x$ 展开成 $x-2$ 的幂级数.

解 由于

$$f(x) = \ln x = \ln(2 + x - 2) = \ln 2\left(1 + \frac{x-2}{2}\right) = \ln 2 + \ln\left(1 + \frac{x-2}{2}\right),$$

将公式（9.5.13）中的 x 换为 $\frac{x-2}{2}$，可得

$$\begin{aligned} f(x) &= \ln x \\ &= \ln 2 + \sum_{n=0}^{\infty} \frac{(-1)^n}{n+1}\left(\frac{x-2}{2}\right)^{n+1} \\ &= \ln 2 + \sum_{n=0}^{\infty} \frac{(-1)^n}{(n+1)2^{n+1}}(x-2)^{n+1}, \end{aligned}$$

其中 $-1 < \frac{x-2}{2} \leqslant 1$，即 $0 < x \leqslant 4$．因此，$\ln x$ 关于 $x-2$ 的幂级数展开式在 $0 < x \leqslant 4$ 内成立.

例 9.5.5 将函数 $f(x) = \frac{1}{x^2 + 4x + 3}$ 展开成 x 的幂级数.

解 由于

$$\frac{1}{x^2 + 4x + 3} = \frac{1}{(x+1)(x+3)} = \frac{1}{2} \cdot \frac{1}{1+x} - \frac{1}{2} \cdot \frac{1}{3+x},$$

其中

$$\frac{1}{1+x}=\sum_{n=0}^{\infty}(-x)^n=\sum_{n=0}^{\infty}(-1)^n x^n \quad (-1<x<1),$$

$$\frac{1}{3+x}=\frac{1}{3}\cdot\frac{1}{1+\frac{x}{3}}=\frac{1}{3}\sum_{n=0}^{\infty}\left(-\frac{x}{3}\right)^n=\sum_{n=0}^{\infty}\frac{(-1)^n}{3^{n+1}}x^n \quad (-3<x<3).$$

故

$$\begin{aligned} f(x)&=\frac{1}{x^2+4x+3}\\ &=\frac{1}{2}\sum_{n=0}^{\infty}(-1)^n x^n-\frac{1}{2}\sum_{n=0}^{\infty}\frac{(-1)^n}{3^{n+1}}x^n\\ &=\frac{1}{2}\sum_{n=0}^{\infty}(-1)^n\left(1-\frac{1}{3^{n+1}}\right)x^n . \end{aligned}$$

由于两个幂级数的公共收敛区间为$(-1,1)$，又当$x=\pm 1$时，级数的一般项当$n\to\infty$时，极限不为0，即级数发散，因此$f(x)$的展开式在$(-1,1)$内成立.

9.6　数学拓展

9.6.1　数学建模——银行存款问题

设年利率为r，依复利方式计算利息．银行打算实行一种新的存款与付款方式．即某人要在银行存入一笔钱，希望在第一年年末提取1元，在第二年年末提取4元……第n年年末提取n^2元（$n=1,2,3,\cdots$），并且永远按此规律提取，问事先要存入多少本金？

解　设本金为A，第一年年末的本利和（即本金与利息之和）为$A(1+r)$，第n年年末的本利和为$A(1+r)^n$（$n=1,2,3,\cdots$），假定存n年的本金为A_n，则第n年年末的本利和应为$A_n(1+r)^n$（$n=1,2,3,\cdots$）.

为保证某人的要求得以实现，即第n年年末提取n^2元，那么必须要求第n年年末的本利和最少应等于n^2元，即$A_n(1+r)^n=n^2$（$n=1,2,3,\cdots$）．也就是说，应当满足如下条件:

$$A_1(1+r)=1,\ A_2(1+r)^2=4,\ A_3(1+r)^3=9,\ \cdots,\ A_n(1+r)^n=n^2.$$

因此，第n年年末要提取n^2元时，事先应存入本金$A_n=n^2(1+r)^{-n}$，如果还要求此种提款方式能永远继续下去，则事先需要存入的本金总数应为

$$\sum_{n=1}^{\infty} A_n = \sum_{n=1}^{\infty} n^2 (1+r)^{-n} = \frac{1}{1+r} + \frac{4}{(1+r)^2} + \frac{9}{(1+r)^3} + \cdots + \frac{n^2}{(1+r)^n} + \cdots .$$

利用正项级数的比值判别法容易判别出该级数是收敛的．为了求得本金总数，需要计算它的和．为了计算这数项级数的和, 考虑幂级数 $\sum_{n=1}^{\infty} n^2 x^2$ ，其和函数为

$$S(x) = \sum_{n=1}^{\infty} n^2 x^n = x\left(\sum_{n=1}^{\infty} n x^n\right)' = x\left[x\left(\sum_{n=1}^{\infty} x^n\right)'\right]'$$

$$= x\left[x\left(\frac{x}{1+x}\right)'\right]' = \frac{x(1+x)}{(1+x)^3} \quad (|x| < 1).$$

于是事先存入的本金总数为

$$\sum_{n=1}^{\infty} n^2 (1+r)^{-n} = S\left(\frac{1}{1+r}\right) = \frac{(1+r)(2+r)}{r^3} .$$

如果年利率为10%，容易算得事先要存入本金2310元．

如果年利率为20%，容易算得事先要存入本金257550元．

注意：如果换一种提款方式，例如，第 n 年年末提取 n 元， n^2 元或 $10+9n$ 元等，或每年末均提取 A 元（ A 为正常数），也可以求出事先应存入的本金数．但是，并非按照任何提款方式都可实现．例如，第 n 年年末提取 $(1+r)^n$ 元，永远按照这种方式提取是不能实现的，因为这时需要事先存入的本金数为

$$\sum_{n=1}^{\infty} (1+r)^n (1+r)^{-n} = 1+1+\cdots 1+\cdots ,$$

该级数是发散的，事先存入的本金数为无穷大．而事实上此种提款方式为每年都将本金和利息全部提取出来，当然需要事先存入的本金数为无穷大．

9.6.2 数学家简介——阿贝尔

“阿贝尔做出了永恒、不朽的东西！他的思想将永远给我们的科学以丰饶的影响．”

——魏尔斯特拉斯

“一个人如果要在数学上有所进步，就必须向大师学习．”

——阿贝尔

尼尔斯·亨利克·阿贝尔（Niels Henrik Abel，1802—1829）是挪威数学家，1802 年 8 月 5 日生于芬岛，1829 年 4 月 6 日卒于弗鲁兰．

阿贝尔的父亲是村子里的基督教牧师，他们家庭贫困．阿贝尔中学时代，得到一位很有才华的数学教师霍尔姆博（Holmböe）的教诲，这位教师引导他走上了数学研究的道路．从16岁开始，阿贝尔就自学了牛顿、欧拉、拉格朗日、勒让德等人的数学著作，被同学称为“数学迷”．阿贝尔18岁时，父亲去世了，本来就贫困的家庭又失去了唯一的经济支柱，家里就靠几位教授和邻居的资助维持生计．在19岁那年，阿贝尔进入了奥斯陆大学学习．

阿贝尔有惊人的早慧．当他还是一个中学生的时候，就按照高斯对二项式方程的处理方法探讨高次方程的可解性问题．起初，他认为自己用根式已经解决了一般的五次方程，但他很快就发现了自己的错误．进大学后，他继续研究这一问题，终于在1824年证明了一般五次方程是不能像低次方程那样用根式求解，从而解决了使数学家困惑300年之久的一个难题，那时他年仅22岁．他自己出资印发了这个证明．另外，在1823年他还发表了其他一些论文，其中包括用积分方程解古典的等时线问题，可以说这是这类方程的第一个解法，为积分方程在19世纪末20世纪初的全面发展开辟了道路．

阿贝尔深刻的数学思想超出了挪威数学界所能理解的水平，因此他渴望出访德、法等国．在朋友和教授们的支持下，经过与政府的多次交涉，他才获取了一笔不大的出国奖学金．

在柏林期间，他接受了高斯、柯西学派注重严格推导的学风，对分析中逻辑混乱、概念不清以及证明中的有失严格深为不满．他曾尖锐地指出：“人们在分析中确实发现了惊人的含糊不清之处．这样一个完全没有计划和体系的分析，竟有那么多人研究过它，真是奇怪．最坏的是，从来没有严格地对待过分析．”他给出了二项式定理对于所有复指数都是正确的证明，从而奠定了幂级数收敛的一般理论，也是第一次给出这种级数展开式成立的可靠证明，从而解决了在实数和复数范围内分别求幂级数的收敛区间和收敛半径的问题．他还纠正了柯西关于连续函数的一个收敛级数的和一定连续的错误，并给出了具体的例子．他还利用一致收敛的思想，正确地证明了“连续函数为项的一个一致收敛级数的和，在收敛域内是连续的”，可惜他当时未能从中把一致收敛的性质抽象概括出来，形成普遍的概念．阿贝尔的这些工作有力地推进了分析学的严格化．

阿贝尔在柏林结识了一位热情的数学业余爱好者克莱尔（Crelle），克莱尔对阿贝尔的才华十分敬佩．阿贝尔则鼓励克莱尔创办《纯粹与应用数学学报》，这是世界上专载数学研究的第一个学术刊物．该刊物前3期便登载了阿贝尔22篇文章，他的《五次方程代数解法不可能存在的证明》就发表在该刊物的创刊号上. 阿贝尔把他关于五次方程的小册子寄给哥廷根大学的高斯，想借此作为晋谒高斯的通行证. 但不知什么原因高斯根本未看（因为在高斯死后 30 年，人们发现其遗物中的这本小册子还没有启封），阿贝尔觉得受到冷遇，决心不再见高斯而径自去了巴黎.

在巴黎他会见了柯西、勒让德、狄利克雷等人，但这些会面也虚与委蛇，因为《纯粹与应用数学学报》这个刊物当时在法国几乎无人知道，而阿贝尔又太腼腆，不好意思在陌生人面前谈论自己的著作，因此人们并没有真正认识到他是天才. 在巴黎期间他完成了论著《论一类广泛的超越函数的一般性质》. 在这一论著中他研究了后来我们所知的阿贝尔积分. 阿贝尔当时把该论著呈给法国科学院，希望这能引起法国数学家们对他的注意，勒让德和柯西被任命为评审人. 但不幸的是，稿件被柯西带回家后，不知放在了什么地方，他完全把它忘记了. 阿贝尔空等了一段时间，终因旅资用尽而不得不返回柏林.

阿贝尔在柏林完成了关于椭圆函数的一篇开创性论文后就回到了挪威. 他原希望回国后能被聘为大学教授，但希望又一次落空，只能靠给私人补课或当代课教师谋生，生活极其困苦，用他自己的话来说："穷得就象教堂里的老鼠". 在这样艰苦的条件下，他仍坚持搞科研工作，主要研究椭圆函数论，并开创了这一数学分支. 后来阿贝尔的声誉随着他的研究成果逐渐传到欧洲的所有数学中心，但他却身处消息闭塞之地，毫无所知. 更不幸的是，他 1829 年染上肺病，不久在贫病交加中去世，终年不足 27 岁. 他死后的第三天，柏林大学给他的数学教授聘书才寄到挪威，这也是后世数学家无不为之深深惋惜的事情——"迟到的聘书".

阿贝尔短暂的一生在数学史上留下了光辉的篇章. 著名数学家埃尔米特曾说："阿贝尔留下来的问题，够数学家忙 150 年." 克莱尔在他主编的《纯粹与应用数学学报》里写道："阿贝尔在他的所有著作里都打下了天才的烙印，表现出了了不起的思维能力. 我们可以说他能够穿透一切障碍深入问题的根底，具有似乎是无坚不摧的气势……他又以品格纯朴高尚以及罕见的谦逊精神出众，他的人品也像他的天才那样受到不同寻常的爱戴." 2002 年阿贝尔诞辰 200 周年时，为纪念挪威这位杰出数学家，挪威政府设立了以他的名字命名的国际性大奖——阿贝尔奖（The Abel Prize）. 阿贝尔奖是一个奖励在数学领域做出杰出成就的数学家的国际奖项，被视为数学界最高荣誉之一，其宗旨在于提高数学在社会中的地位，同时激励青少年学习数学的兴趣. 获奖者没有年龄的限制. 该奖自 2003 年开始每年颁发一次，奖金额为 600 万挪威克朗，颁奖典礼于每年 6 月在奥斯陆举行.

第 10 章　数学实验

数学实验是计算机技术和数学软件引入教学后相结合的产物.它将经典数学知识、数学建模与计算机应用三者融为一体，使学生深入理解数学基本概念和基本理论，熟悉常用数学软件，既能培养学生进行数值计算和数据处理的能力，也能培养学生应用数学知识建立数学模型，解决实际问题的能力，同时还可以激发学生学习数学的兴趣.

本章介绍 Matlab 软件在微积分中的简单应用，包括一元函数微积分、微分方程、多元函数微积分、无穷级数等方面. 本章例题都能用 Matlab R2018a 版本运行，易上机模拟演示.

【学习目标】

- 了解一些简单函数极限、导数、积分在 Matlab 中如何实现.
- 了解一些简单的多元函数的图形在 Matlab 中如何描绘.
- 了解一些简单的微分方程在 Matlab 中如何求解.

10.1　函数的极限

在 Matlab 中，limit(f,x,a)用于求 x 趋近于 a 的极限，limit(f,x,a,left)用于求 $x \to a^-$ 的极限，limit(f,x,a,right)用于求 $x \to a^+$ 的极限, 其中无穷大用 inf 表示.

例 10.1.1　计算下列极限.

（1）$\lim\limits_{x\to 0}\dfrac{\sin 2x}{x}$；　（2）$\lim\limits_{x\to\infty}\left(1+\dfrac{1}{x}\right)^x$；

（3）$\lim\limits_{n\to\infty} n\sin\dfrac{1}{n}$；　（4）$\lim\limits_{n\to\infty}\dfrac{n}{\sqrt{2n^2-n}}$；

（5）$\lim\limits_{x\to 0}\dfrac{\tan x-\sin x}{x^3}$；　（6）$\lim\limits_{x\to\infty}\dfrac{x^2-1}{6x^2-12x+1}$.

解　（1）求 $\lim\limits_{x\to 0}\dfrac{\sin 2x}{x}$，可输入命令：

```
>>syms x;
>>y=sin(2*x)/x;
```

```
>>limit(y,x,0)
ans=
2
```

因此可得极限运算结果：$\lim\limits_{x\to 0}\dfrac{\sin 2x}{x}=2$.

（2）求 $\lim\limits_{x\to\infty}\left(1+\dfrac{1}{x}\right)^x$，可输入命令：

```
>>syms x;
>>y= (1+1/x)^x;
>>limit(y,x,inf)
ans=
exp(1)
```

因此可得极限运算结果：$\lim\limits_{x\to\infty}\left(1+\dfrac{1}{x}\right)^x=\mathrm{e}$.

（3）求 $\lim\limits_{n\to\infty}n\sin\dfrac{1}{n}$，可输入命令：

```
>>syms n;
>>limit(n*sin(1/n),n,inf)
ans=
1
```

因此可得极限运算结果：$\lim\limits_{n\to\infty}n\sin\dfrac{1}{n}=1$.

（4）求 $\lim\limits_{n\to\infty}\dfrac{n}{\sqrt{2n^2-n}}$，可输入命令：

```
>>syms n;
>>limit(n/sqrt(2*n^2-n),n,inf)
ans=
2^(1/2)/2
```

因此可得极限运算结果：$\lim\limits_{n\to\infty}\dfrac{n}{\sqrt{2n^2-n}}=\dfrac{\sqrt{2}}{2}$.

（5）求 $\lim\limits_{x\to 0}\dfrac{\tan x-\sin x}{x^3}$，可输入命令：

```
>>syms x;
>>limit((tan(x)-sin(x))/x^3,x,0)
ans=
1/2
```

因此可得极限运算结果：$\lim\limits_{x\to 0}\dfrac{\tan x-\sin x}{x^3}=\dfrac{1}{2}$.

（6）求 $\lim\limits_{x\to\infty}\dfrac{x^2-1}{6x^2-12x+1}$，可输入命令：

```
>>syms x;
>>limit((x^2-1)/(6*x^2-12*x+1),x,inf)
ans=
1/6
```

因此可得极限运算结果：$\lim\limits_{x\to\infty}\dfrac{x^2-1}{6x^2-12x+1}=\dfrac{1}{6}$．

例 10.1.2　通过作图说明 $\lim\limits_{x\to 0}\sin\dfrac{1}{x}$ 不存在.

解　输入命令>>ezplot('sin(1/x)',[-1,1])，即可在闭区间 $[-1,1]$ 上作出函数 $y=\sin\dfrac{1}{x}$ 的图像，观察 $x\to 0$ 时函数的变化情况.

通过图像（图 10.1）可以观察，函数曲线在 $y=-1$ 与 $y=1$ 之间振荡，越接近 0（即 $x\to 0$），振荡地越快，从而极限是不存在的.

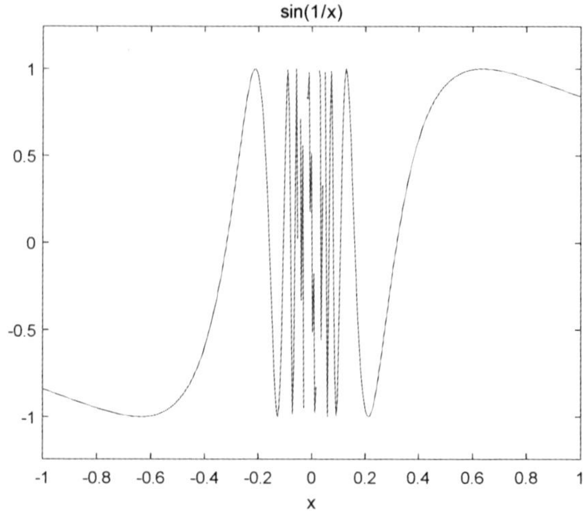

图 10.1

输入命令：>>ezplot('sin(1/x)',[-0.05,0.05])，把区间改为 $[-0.05,0.05]$ 或更小，可以看出，区间越小，曲线振荡得越剧烈（图 10.2）.

例 10.1.3　讨论函数 $y=x+1+\sin x$ 在 $\left[-\dfrac{\pi}{2},\dfrac{\pi}{2}\right]$ 上满足零点定理.

解　可以验证该函数满足零点定理的条件，输入命令：

```
>>ezplot('x+1+sin(x)',[-pi/2,pi/2])
```

可得到函数 $y=x+1+\sin x$ 在 $\left[-\frac{\pi}{2},\frac{\pi}{2}\right]$ 上的图像（图 10.3）.

通过观察图像，函数 $y=x+1+\sin x$ 在 $\left[-\frac{\pi}{2},\frac{\pi}{2}\right]$ 上连续，且 $y\left(\frac{\pi}{2}\right)>0$，$y\left(-\frac{\pi}{2}\right)<0$，存在 $\xi\in\left(-\frac{\pi}{2},\frac{\pi}{2}\right)$，使得 $y(\xi)=0$，即满足零点定理的结论.

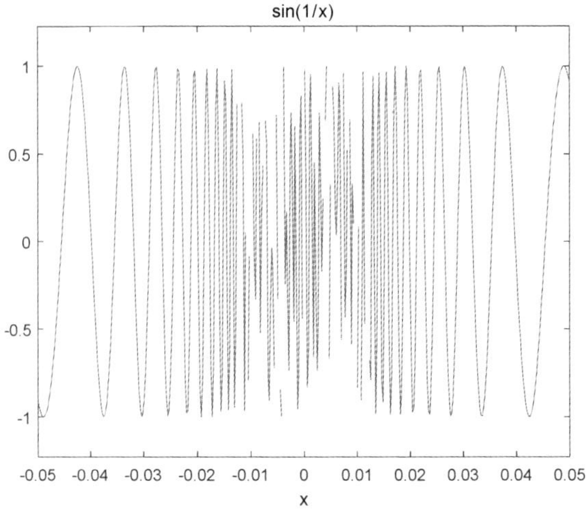

图 10.2

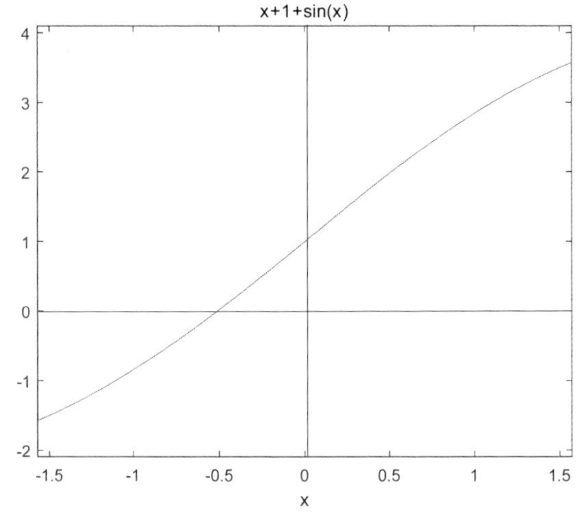

图 10.3

10.2　微分及其应用

求导运算是微积分的基础运算，在 Matlab 中用 diff()进行求导运算，其形式为 diff(function,variable,n)，其中参数 function 为需要进行求导运算的函数，variable 为求导运算的独立变量，n 为求导的阶数.

例 10.2.1　计算下列函数的导数.

（1）$y=\dfrac{x^2}{\sqrt{x^2+a^2}}$；　　（2）$y=x\cos x$；

（3）$y=\arctan x^2$；　　（4）$y=\ln^3\left(x^2\right)$.

解　（1）求 $y=\dfrac{x^2}{\sqrt{x^2+a^2}}$ 的导数，可输入命令：

```
>>syms x a;
>>diff((x^2)/sqrt(x^2+a^2),x)
ans=
(2*x)/(a^2 + x^2)^(1/2) - x^3/(a^2 + x^2)^(3/2)
```

因此可得求导结果：$y'=\left(\dfrac{x^2}{\sqrt{x^2+a^2}}\right)'=\dfrac{2x}{\sqrt{x^2+a^2}}-\dfrac{x^3}{\left(x^2+a^2\right)^{\frac{3}{2}}}$.

（2）求 $y=x\cos x$ 的导数，可输入命令：

```
>>syms x;
>>diff(x*cos(x),x)
ans=
cos(x) - x*sin(x)
```

因此可得求导结果：$y'=\left(x\cos x\right)'=\cos x-x\sin x$.

（3）求 $y=\arctan x^2$ 的导数，可输入命令：

```
>>syms x;
>>diff(atan(x^2),x)
ans=
(2*x)/(x^4 + 1)
```

因此可得求导结果：$y'=\left(\arctan x^2\right)'=\dfrac{2x}{x^4+1}$.

（4）求 $y=\ln^3\left(x^2\right)$ 的导数，可输入命令：

```
>>syms x;
>> diff((log(x^2))^3,x)
ans=
(6*log(x^2)^2)/x
```

因此可得求导结果：$y' = \left(\ln^3\left(x^2\right)\right)' = \dfrac{6\ln^2\left(x\right)}{x}$.

注意：求反函数的代码用 finverse().
例如，求 $y = \tan x$ 的反函数的代码如下：

```
>> f=sym(tan(x));
>> finverse(f)
ans =
atan(x)
```

即可得 $y = \tan x$ 的反函数为 $y = \arctan x$.

例 10.2.2 计算下列函数的导数.

（1）设 $y = 5x^4 - 2x^3 + 3x + 1$，计算 y''，$y''(1)$；

（2）设 $y = \mathrm{e}^{\sin x}$，计算 y''；

（3）设 $\begin{cases} x = a\cos^3 t, \\ y = a\sin^3 t, \end{cases}$ 计算 y'；

（4）计算由 $\mathrm{e}^y + y\sin x - \mathrm{e}^x = 0$ 所确定函数的导数.

解 （1）求 $y = 5x^4 - 2x^3 + 3x + 1$ 的 y''，$y''(1)$，可输入命令：

```
>> syms x
>> y=5*x^4-2*x^3+3*x+1;g=diff(y,x,2)
ans =
60*x^2 - 12*x
>> syms x;y=5*x^4-2*x^3+3*x+1;g=diff(y,x,2);x=1;eval(g)
ans =
48
```

因此可得：$y'' = \left(5x^4 - 2x^3 + 3x + 1\right)'' = 60x^2 - 12x$，$y''(1) = 48$.

（2）求 $y = \mathrm{e}^{\sin x}$ 的 y''，可输入命令：

```
>> syms x
>> diff(exp(sin(x)),x,2)
ans =
exp(sin(x))*cos(x)^2 - exp(sin(x))*sin(x)
```

因此可得：$y'' = \left(\mathrm{e}^{\sin x}\right)'' = \mathrm{e}^{\sin x}\cos^2 x - \mathrm{e}^{\sin x}\sin x$.

（3）求 $\begin{cases} x = a\cos^3 t, \\ y = a\sin^3 t \end{cases}$ 的 y'，可输入命令：

```
>> syms t a;x= a*(cos(t))^3;y= a*(sin(t))^3;
>> dx=diff(x,t);
>> dy=diff(y,t);
>> dy/dx
```

```
ans =
-sin(t)/cos(t)
```

因此可得： $y' = -\dfrac{\sin t}{\cos t}$.

（4）求由 $e^y + y\sin x - e^x = 0$ 所确定函数的导数，可输入命令：

```
>> clear all;
>> syms x y;
>> f=exp(y)+y*sin(x)-exp(x);
>> dfx=diff(f,x);dfy=diff(f,y);   %分别求函数f对x和y的偏导数
>> dydx=-dfx/dfy
dy/dx =
(exp(x) - y*cos(x))/(exp(y) + sin(x))
```

因此可得： $y' = \dfrac{e^x - y\cos x}{e^y + \sin x}$.

例 10.2.3 在 $x=0$ 邻域内寻找一个多项式函数来近似地表示 $\sin x$.

解 可借助图形来分析 $x \to 0$ 时， $y=\sin x$ 和 $y=x$ 的大小关系.

首先输入命令：

```
>> syms x
>> fplot(@(x)[sin(x),x],[-2,2])
```

可得如图 10.4 所示的图像.

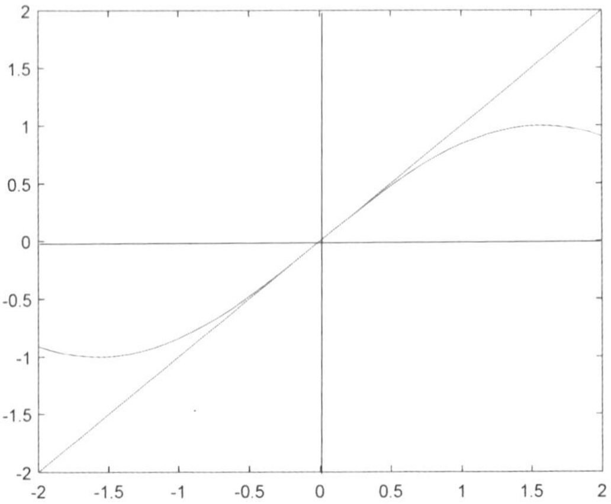

图 10.4

从图中可以观察，在 $x=0$ 附近，两个函数几乎重合，说明两个函数相差很小，但离 0 越远差别越大. 我们希望找到另一个多项式函数在距离 0 较远处与 $y=\sin x$ 近似程度更高，为此考虑函数 $y = x - \dfrac{x^3}{3!}$. 输入命令：

```
clear all
>> syms x;
>> fplot(@(x)[sin(x),x-x.^3/6],[-4,4])
```

可得图 10.5．从图像可以看出，两条曲线的接近程度还是不够理想．再考虑函数 $y=x-\frac{x^3}{3!}+\frac{x^5}{5!}$，输入命令：

```
>> syms x;
>> fplot(@(x)[sin(x),x-x.^3/6+x.^5/120],[-4,4])
```

可得图 10.6．

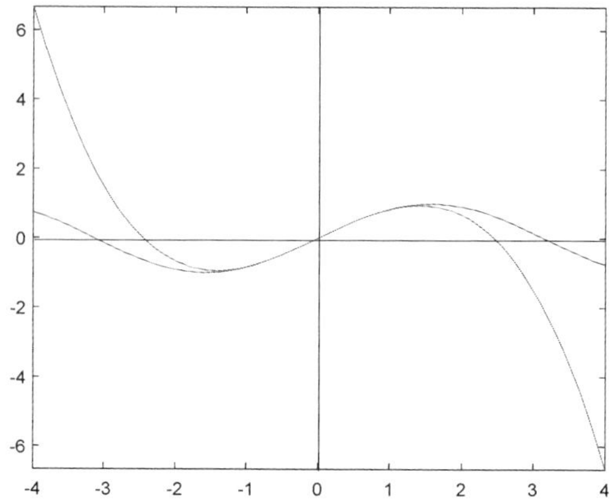

图 10.5

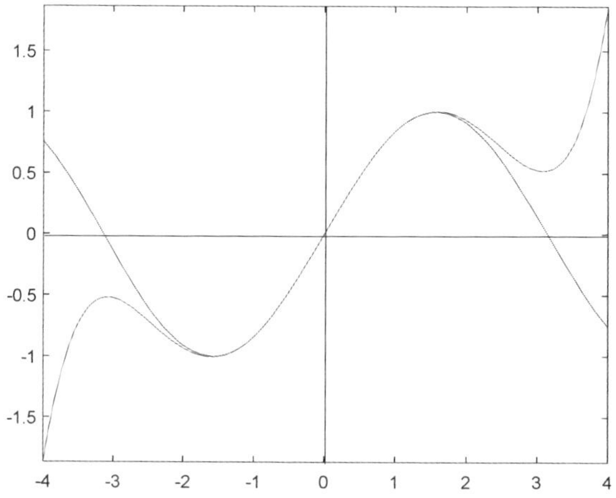

图 10.6

再考虑函数 $y = x - \frac{x^3}{3!} + \frac{x^5}{5!} - \frac{x^7}{7!} + \frac{x^9}{9!} - \frac{x^{11}}{11!}$，输入命令：

```
>> syms x;
>> fplot(@(x)[sin(x),x-x.^3/6+x.^5/120-x.^7/5040+x.^9/362880
-x.^11/39916800],[-10,10])
```

可得图 10.7.

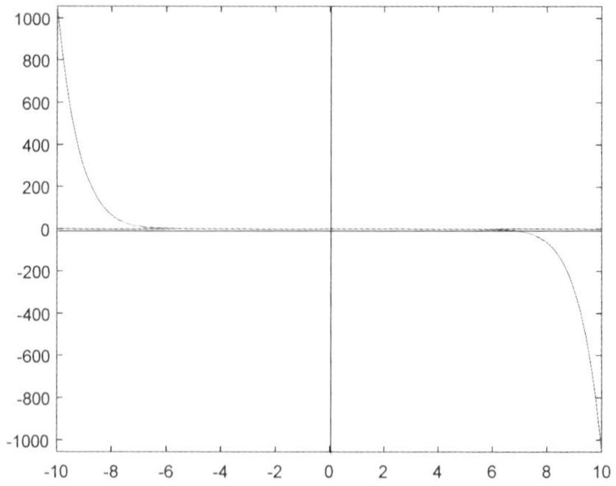

图 10.7

从图像可以看出，$y = x - \frac{x^3}{3!} + \frac{x^5}{5!} - \frac{x^7}{7!} + \frac{x^9}{9!} - \frac{x^{11}}{11!}$ 与 $y = \sin x$ 的近似程度相当高，但在区间 $[-6,6]$ 外侧逐渐偏离，由此我们可考虑用函数

$$y = x - \frac{x^3}{3!} + \frac{x^5}{5!} - \frac{x^7}{7!} + \frac{x^9}{9!} - \frac{x^{11}}{11!} + \cdots + (-1)^{m-1}\frac{x^{2m-1}}{(2m-1)!}$$

来近似 $y = \sin x$．显然，m 越大，与 $y = \sin x$ 近似程度就越高，这也就是所谓的泰勒展开式.

例 10.2.4　已知销售额 R 是价格 P 的函数，且 $R = P\left(\frac{200}{P+4} 18\right)$，求当价格 P 为何值时，销售额有最大值，且求此最大值.

解　在 Matlab 中输入命令：

```
>> syms p
>> dy1=diff(p*(200/(p+4)-18),p)          %求导数
dy1 =
200/(p + 4) - (200*p)/(p + 4)^2 - 18
>> px=solve(dy1)                         %求驻点
px =
-32/3
```

```
8/3
>> dy2=diff(dy1)                    %求二阶导数
dy2 =
(400*p)/(p + 4)^3 - 400/(p + 4)^2
>> p=8/3;
>> (400*p)/(p + 4)^3 - 400/(p + 4)^2
ans =
-5.4000                             %8/3 处二阶导数为负，取极大值
>> R=p.*(200./(p+4)-18)             %求最大值
R =
32.0000
```

因此，当价格 $P=\dfrac{8}{3}$ 时销售额有最大值，最大销售额为 $R=32$.

10.3　积分及其应用

用 int()函数进行积分运算，其形式为 int(function,variable), 参数 function 为被积函数，variable 为积分变量.

例 10.3.1　计算下列函数的不定积分.

（1）$\int \ln x\mathrm{d}x$ ；　　（2）$\int x^2\mathrm{e}^x\mathrm{d}x$ ；

（3）$\int \dfrac{\cos x\sin x}{\left(1+\cos x\right)^2}\mathrm{d}x$ ；　　（4）$\int \dfrac{\ln\left(x+1\right)}{\sqrt{x+1}}\mathrm{d}x$.

解　（1）求 $\int \ln x\mathrm{d}x$ ，可输入命令：

```
>> syms x
>> int(log(x),x)
ans =
x*(log(x) - 1)
```

因此可得：$\int \ln x\mathrm{d}x = x\left(\ln x-1\right)+C$.

（2）求 $\int x^2\mathrm{e}^x\mathrm{d}x$ ，可输入命令：

```
>> syms x
>> int(x^2*exp(x),x)
ans =
exp(x)*(x^2 - 2*x + 2)
```

因此可得：$\int x^2\mathrm{e}^x\mathrm{d}x = \mathrm{e}^x\left(x^2-2x+2\right)+C$.

（3）求 $\int \dfrac{\cos x\sin x}{\left(1+\cos x\right)^2}\mathrm{d}x$ ，可输入命令：

```
>> syms x
>> int(cos(x)*sin(x)/(1+cos(x))^2,x)
ans =
- log(cos(x) + 1) - 1/(cos(x) + 1)
```

因此可得：$\int \frac{\cos x \sin x}{(1+\cos x)^2} dx = -\ln(\cos x + 1) - \frac{1}{\cos x + 1} + C$.

（4）求 $\int \frac{\ln(x+1)}{\sqrt{x+1}} dx$，可输入命令：

```
>> syms x
>> int(log(x+1)/sqrt(x+1),x)
ans =
2*(log(x + 1) - 2)*(x + 1)^(1/2)
```

因此可得：$\int \frac{\ln(x+1)}{\sqrt{x+1}} dx = 2[\ln(x+1) - 2] \cdot \sqrt{x+1} + C$.

在 Matlab 中，计算定积分的命令为 int(function,variable,a,b)，其中 a 和 b 分别为定积分的上限和下限.

例 10.3.2　计算下列函数的定积分.

（1）$\int_0^1 \sqrt{1-x^2} dx$；　　（2）$\int_1^2 \frac{1+\ln x}{x} dx$；

（3）$\int_0^1 \frac{xe^x}{(1+x)^2} dx$；　　（4）$\int_0^4 e^{\sqrt{x}} dx$.

解　（1）求 $\int_0^1 \sqrt{1-x^2} dx$，可输入命令：

```
>> syms x
>> int(log(x),x,1,2)
ans =
log(4) – 1
```

因此可得：$\int_0^1 \sqrt{1-x^2} dx = \ln 4 - 1$.

（2）求 $\int_1^2 \frac{1+\ln x}{x} dx$，可输入命令：

```
>> syms x
>> int((1+log(x))/x,x,1,2)
ans =
(log(2)*(log(2) + 2))/2
```

因此可得：$\int_1^2 \frac{1+\ln x}{x} dx = \frac{\ln 2(\ln 2 + 2)}{2}$.

（3）求 $\int_0^1 \frac{xe^x}{(1+x)^2}dx$，可输入命令：

```
>> syms x
>> int(x*exp(x)/(1+x)^2,x,0,1)
ans =
exp(1)/2 – 1
```

因此可得：$\int_0^1 \frac{xe^x}{(1+x)^2}dx = \frac{e}{2} - 1$.

（4）求 $\int_0^4 e^{\sqrt{x}}dx$，可输入命令：

```
>> syms x
>> int(exp(sqrt(x)),x,0,4)
ans =
2*exp(2) + 2
```

因此可得：$\int_0^4 e^{\sqrt{x}}dx = 2e^2 + 2$.

例 10.3.3 某产品边际成本函数为 $C'(x) = x^{-\frac{1}{2}} + \frac{1}{2000}$，且生产 10000 件产品的总成本是 1200 元，求总成本函数.

解 由题意，总成本函数为 $C(x) = \int (x^{-\frac{1}{2}} + \frac{1}{2000})dx$，可输入命令：

```
>> syms x y
>> int(x^(-1/2)+1/2000,x)
ans =
x/2000 + 2*x^(1/2)
```

因此，$C(x) = 2\sqrt{x} + \frac{1}{2000}x + C$. 将 $C(10000) = 1200$ 代入，可输入命令：

```
>> x=10000,c=1200-x/2000 - 2*x^(1/2)
x =
10000
c =
995
```

所以，总成本函数为 $C(x) = 2\sqrt{x} + \frac{1}{2000}x + 995$.

10.4 微分方程

求解微分方程的解是微积分学中的一个重要内容. 我们可以利用 Matlab 的命

令 dsolve()求相关微分方程的通解和特解.

例 10.4.1　计算微分方程 $y' + y\cos x = \mathrm{e}^{-\sin x}$ 的通解.

解　若求微分方程 $y' + y\cos x = \mathrm{e}^{-\sin x}$ 的通解，可输入命令：

```
>> y=dsolve('Dy+y*cos(x)=exp(-sin(x))','x')
y =
C4*exp(-sin(x)) + x*exp(-sin(x))
```

因此，此微分方程的通解为 $y = C4\mathrm{e}^{-\sin x} + x\mathrm{e}^{-\sin x}$.

例 10.4.2　计算二阶微分方程 $y'' - 2y' - 8y = 0$ 满足初始条件 $y(0) = 2$ ，$y'(0) = 4$ 的特解.

解　若求微分方程 $y'' - 2y' - 8y = 0$ 的特解，可输入命令：

```
>> y=dsolve('D2y-2*Dy-8*y=0','y(0)=2','Dy(0)=4')
y =
(2*exp(-2*t))/3 + (4*exp(4*t))/3
```

因此，此微分方程特解为 $y = \frac{2}{3}\mathrm{e}^{-2t} + \frac{4}{3}\mathrm{e}^{4t}$.

10.5　多元函数微分

在空间解析几何中，我们学习了多个曲面、球面、柱面、圆锥面、旋转抛物面等，利用 Matlab 可以把曲面绘制出来. 我们可以利用命令 ezmesh(f)绘制由函数 $f(x,y)$ 定义的网格图，其中自变量 x ， y 的变化范围均为 $[-2\pi, 2\pi]$. 利用命令 ezmesh(x,y,z,[smin,smax,tmin,tmax])可以绘制由 $x = x(s,t)$，$y = y(s,t)$，$z = z(s,t)$ 定义的参数表面网格图，自变量 s，t 的变化范围为[smin,smax,tmin,tmax]，如果不指定，默认范围均为 $[-2\pi, 2\pi]$.

例 10.5.1　绘制球面 $x^2 + y^2 + z^2 = 1$.

解　利用 ezmesh(x,y,z,[smin,smax,tmin,tmax])绘制网格图，输入命令：

```
>> ezmesh('cos(u)*cos(v)','cos(u)*sin(v)','sin(u)')
```

可得球面图像，如图 10.8 所示.

例 10.5.2　绘制旋转抛物面 $z = x^2 + y^2$.

解　利用 ezmesh(f)绘制网格图，输入命令：

```
>> syms x y;
>> z=x^2+y^2;
>> ezmesh(z,[-10,10],50)
```

可得旋转抛物面的图像，如图 10.9 所示.

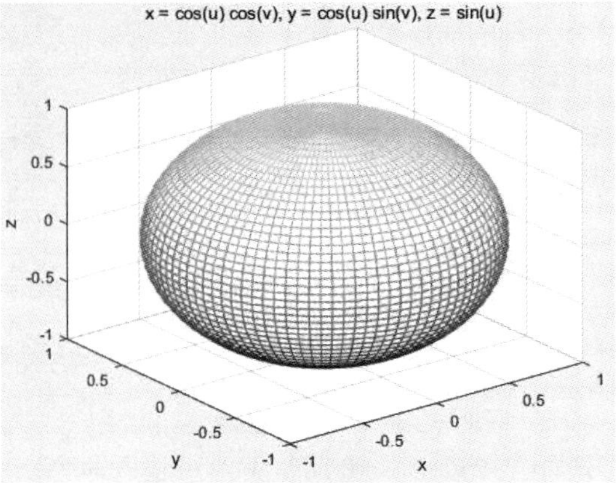

图 10.8

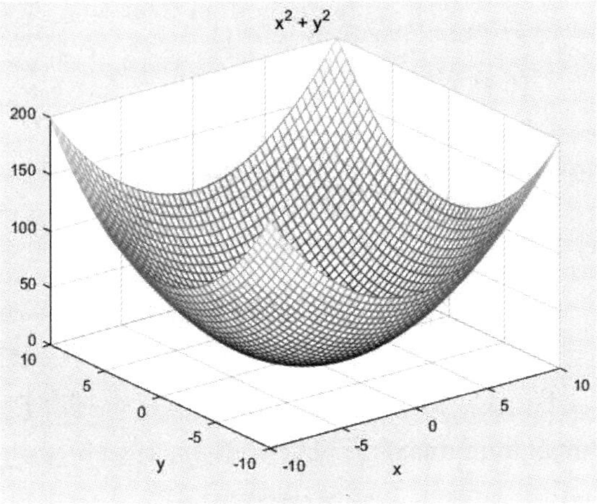

图 10.9

例 10.5.3 绘制圆锥面 $z=\sqrt{x^2+y^2}$.

解 利用 ezmesh(f)绘制网格图，输入命令：

```
>> clear
>> r=0:0.001:10;
>> [x,y,z]=cylinder(r,13);
>> mesh(x,y,z);
>> xlabel('x');ylabel('y');zlabel('z')
>> title('圆锥')
```

可得圆锥面的图像，如图 10.10 所示.

另外，多元函数的偏导数也可以用 Matlab 中的 diff()函数直接进行求解.

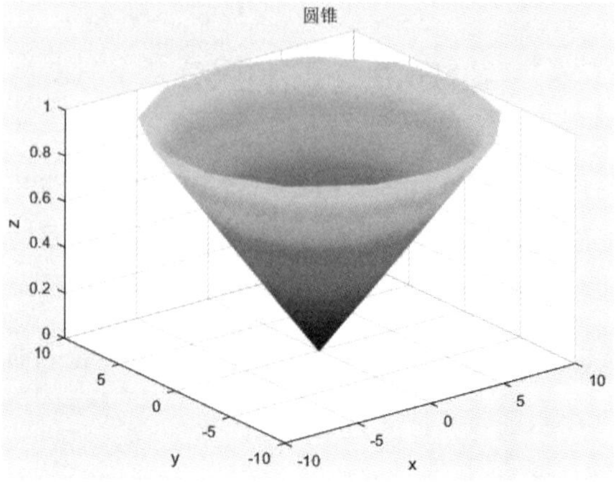

图 10.10

例 10.5.4　设 $z=\sin(xy)+3x^2y$，计算 $\frac{\partial z}{\partial x}$，$\frac{\partial z}{\partial y}$，$\frac{\partial^2 z}{\partial x^2}$，$\frac{\partial^2 z}{\partial x\partial y}$.

解　求解二元函数的偏导数和二阶偏导数，输入命令：

```
>> syms x
>> z=sin(x*y)+3*x^2*y;
>> D1=diff(z,'x',1)
D1 =
6*x*y + y*cos(x*y)
```

可得，$\frac{\partial z}{\partial x}=6xy+y\cos(xy)$.

```
>> D2=diff(z,'y',1)
D2 =
x*cos(x*y) + 3*x^2
```

可得，$\frac{\partial z}{\partial y}=3x^2+x\cos(xy)$.

```
>> D3=diff(z,'x',2)
D3 =
6*y - y^2*sin(x*y)
```

可得，$\frac{\partial^2 z}{\partial x^2}=6y-y^2\sin(xy)$.

```
>> D4=diff(D1,'y',1)
D4 =
6*x + cos(x*y) - x*y*sin(x*y)
```

可得，$\frac{\partial^2 z}{\partial x\partial y}=6x+\cos(xy)-xy\sin(xy)$.

10.6　二重积分

利用 Matlab 计算二重积分，可使用 int(fun,xmin,xmax,ymin,ymax).

例 10.6.1　计算二重积分 $\iint\limits_D xy^2\mathrm{d}x\mathrm{d}y$，其中 D 为由 $x+y=2$，$x=\sqrt{y}$，$y=2$ 所围成的有界区域.

解　计算二重积分 $\iint\limits_D xy^2\mathrm{d}x\mathrm{d}y$，可根据积分区域特点输入命令：

```
>> clear
>> syms x y;
>> int(int(x*y^2,x,2-y,sqrt(y)),y,1,2)
ans =
193/120
```

因此可得 $\iint\limits_D xy^2\mathrm{d}x\mathrm{d}y=\dfrac{193}{120}$.

10.7　无穷级数

关于无穷级数，对其敛散性的讨论是微积分学中的一个重要的内容. 在 Matlab 中，可通过对级数求和进行判断，也可以通过画出图形加以验证. 命令 symsum(u,n,a,b)的功能是计算级数的和，其中 u 是包含符号 n 的表达式，也就是级数的一般项，a 为变量 n 的起始值，b 为变量 n 的最终值.

例 10.7.1　观察下列级数的敛散性，如果收敛，求出和.

（1）$\sum\limits_{n=1}^{\infty}\dfrac{1}{n}$；　　（2）$\sum\limits_{n=1}^{\infty}\dfrac{1}{n^2}$；

（3）$\sum\limits_{n=1}^{\infty}\ln\left(1+\dfrac{1}{n^2}\right)$；　　（4）$\sum\limits_{n=1}^{\infty}\dfrac{2n-1}{2^n}$.

解　（1）判断 $\sum\limits_{n=1}^{\infty}\dfrac{1}{n}$ 的敛散性，可以直接输入命令：

```
>> clear all
>> for n=1:10000
for k=1:n
p1(k)=1/k;
end
s1(n)=sum(p1);
end
```

```
>> plot(s1)
```

从运行结果图形（图 10.11）可以看出，级数趋于无穷大，是发散的. 若要求级数的和，可输入命令：

```
>> syms n;
>> nu=1/n;
>> symsum(nu,1,inf)
ans =
Inf
```

计算结果显示和为无穷大，也能验证级数是发散的.

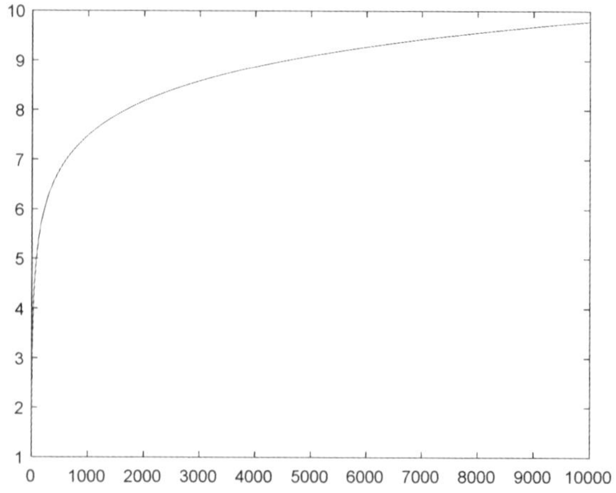

图 10.11

（2）判断 $\sum_{n=1}^{\infty}\frac{1}{n^2}$ 的敛散性，可以直接输入命令：

```
>> clear all
>> for n=1:1000
for k=1:n
p1(k)=1/k^2;
end
s1(n)=sum(p1);
end
>> plot(s1)
```

从运行结果图形（图 10.12）可以看出，级数趋于一个常数，是收敛的. 若要求级数的和，可输入命令：

```
>> syms n
>> nu=1/n^2;
>> symsum(nu,1,inf)
```

```
ans =
pi^2/6
```

运行结果表明级数 $\sum_{n=1}^{\infty}\frac{1}{n^2}$ 是收敛的，且和为 $\frac{\pi^2}{6}$.

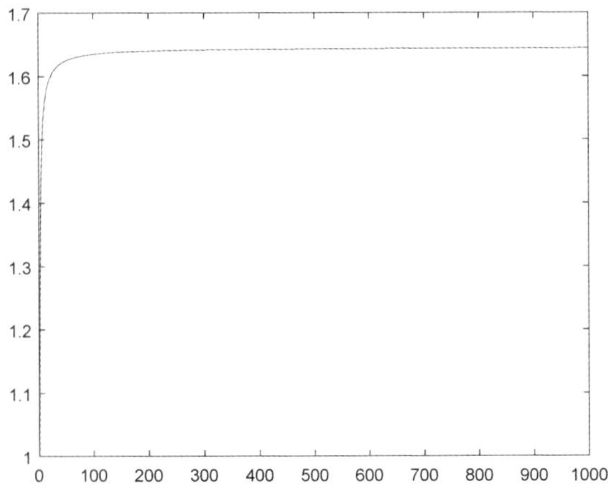

图 10.12

（3）判断 $\sum_{n=1}^{\infty}\ln\left(1+\frac{1}{n^2}\right)$ 的敛散性，可以直接输入命令：

```
>> clear all
>> for n=1:1000
for k=1:n
p1(k)=log(1+1/k^2);
end
s1(n)=sum(p1);
end
>> plot(s1)
```

从运行结果图形（图 10.13）可以看出，级数趋于一个常数，从而是收敛的. 但是用 symsum()函数无法求得级数的和，可用求部分和的方法来求级数的和. 定义函数：

```
function [s] = sump(m)
%求级数前 n 项的和
for n=1:m
p1(n)=log(1+1/n^2);
end
s=sum(p1);
end
```

输入命令：

```
>> s1=sump(1000)
s1 =
1.3008
>> s1=sump(10000)
s1 =
1.3017
>> s1=sump(100000)
s1 =
1.3018
```

运行结果表明级数收敛，且级数和约为 1.3018.

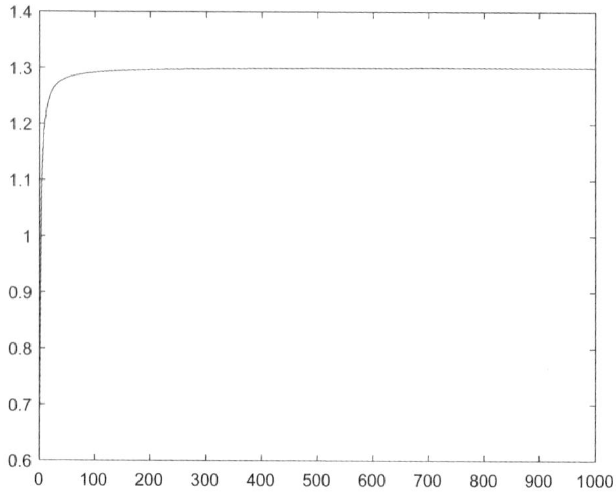

图 10.13

（4）判断 $\sum_{n=1}^{\infty}\frac{2n-1}{2^n}$ 的敛散性，可以直接输入命令：

```
>> clear all
>> for n=1:50
for k=1:n
p1(k)=(2*n-1)/(2^n);
end
s1(n)=sum(p1);
end
>> plot(s1)
```

从运行结果图形（图 10.14）可以看出，级数趋于一个常数，是收敛的. 若要求级数的和，可输入命令：

```
>> syms n
>> nu=(2*n-1)/(2^n);
>> symsum(nu,1,inf)
ans =
3
```

这说明级数收敛，且和为 3.

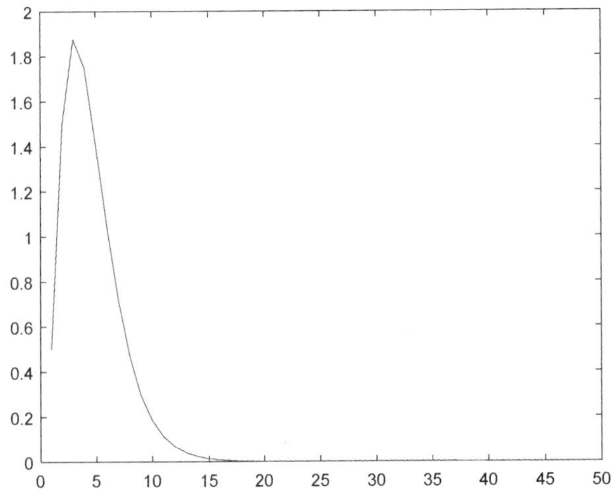

图 10.14

例 10.7.2 求幂级数 $\sum_{n=0}^{\infty}\frac{x^n}{n+1}$ 的收敛域及和函数.

解 判断幂级数 $\sum_{n=0}^{\infty}\frac{x^n}{n+1}$ 的收敛域，可以直接输入命令：

```
>> clear
>> syms n x;
>> n1=(x^n)/(n+1);
>> symsum(n1,n,0,inf)
ans =
piecewise(1 <= x, Inf, abs(x) <= 1 & x ~= 1, -log(1 - x)/x)
```

其中，piecewise 表示分段函数.

由此可得，幂级数 $\sum_{n=0}^{\infty}\frac{x^n}{n+1}$ 的收敛域为 $[-1,1)$，和函数为 $-\frac{\ln(1-x)}{x}$.

若对函数进行泰勒级数展开，可使用 Matlab 中的函数 taylor()，其格式为 taylor(f,x,a,'Order',n)，该命令的功能是将函数 $f(x)$ 展开成 $x-a$ 的 $n-1$ 阶泰勒多项式.

例 10.7.3　将函数 e^x 展开成 x 和 $x-1$ 的 8 阶泰勒级数.

解　利用 taylor(f,x,a, 'Order', n)将函数 e^x 展开，可输入命令：

```
>> taylor(exp(x),x,0,'Order',9)
ans =
x^8/40320 + x^7/5040 + x^6/720 + x^5/120 + x^4/24 + x^3/6 + x^2/2
+ x + 1
>> taylor(exp(x),x,1,'Order',9)
ans =
exp(1) + exp(1)*(x - 1) + (exp(1)*(x - 1)^2)/2 + (exp(1)*(x -
1)^3)/6 + (exp(1)*(x - 1)^4)/24 + (exp(1)*(x - 1)^5)/120 +
(exp(1)*(x - 1)^6)/720 + (exp(1)*(x - 1)^7)/5040 + (exp(1)*(x
- 1)^8)/40320
```

因此可得

$$\begin{aligned}e^x &= e + e(x-1) + \frac{e}{2}(x-1)^2 + \frac{e}{6}(x-1)^3 + \frac{e}{24}(x-1)^4 \\ &\quad + \frac{e}{120}(x-1)^5 + \frac{e}{720}(x-1)^6 + \frac{e}{5040}(x-1)^7 + \frac{e}{40320}(x-1)^8 + \cdots .\end{aligned}$$

例 10.7.4　将函数 $\dfrac{x}{\sqrt{1+x^2}}$ 和展开成 x 的 7 阶泰勒级数.

解　利用 taylor(f,x,a, 'Order', n)将函数 $\dfrac{x}{\sqrt{1+x^2}}$ 展开，可输入命令：

```
>> clear
>> syms n x;
>> nu=x/sqrt(1+x^2);
>> taylor(nu,x,0,'Order',8)
ans =
- (5*x^7)/16 + (3*x^5)/8 - x^3/2 + x
```

因此可得

$$\frac{x}{\sqrt{1+x^2}} = x - \frac{1}{2}x^3 + \frac{3}{8}x^5 - \frac{5}{16}x^7 + \cdots .$$

10.8　数学拓展——数学家高斯

他的思想深入数学、空间、大自然的奥秘，他测量了星星的路径、地球的形状和自然力，他推动了数学的进展，直到下个世纪.

——摘自慕尼黑博物馆高斯画像下的诗句

数学是科学的皇后，数论是数学的皇后.

——高斯

高斯（Gauss，1777—1855）是德国数学家、物理学家、天文学家，1777 年 4 月 30 日生于布伦瑞克，1855 年 2 月 23 日卒于哥廷根.

高斯的祖父是农民，父亲是园丁兼泥瓦匠．高斯幼年就显露出数学方面的非凡才华：10 岁时，发现了 1+2+3+4+…+97+98+99+100 的一个巧妙的求和方法；11 岁时，发现了二项式定理．高斯的才华受到了布伦瑞克公爵卡尔·威廉（Karl Wilhelm）的赏识，亲自承担起对他的培养教育，先把他送到布伦瑞克的卡罗林学院学习（1792－1795 年），后来又推荐他去哥廷根大学深造（1795－1798 年）.

高斯在卡罗林学院认真研读了牛顿、欧拉、拉格朗日的著作．在这一时期，他发现了素数定理（但未能给出证明）；发现了数据拟合中最为有用的最小二乘法；提出了概率论中的正态分布公式并用高斯曲线形象地予以说明．进入哥廷根大学第二年，他证明了正 17 边形能用尺规作图，这是自欧几里得以来二千年悬而未决的问题，这一成功促使他毅然献身数学．高斯 22 岁获黑尔姆斯泰特大学博士学位，30 岁被聘为哥廷根大学数学和天文教授，并担任该校天文台的台长.

高斯的博士论文可以说是数学史上的一块里程碑．他在这篇文章中第一次严格地证明了“每一个实系数或复系数的任意多项式方程存在实根或复根”，即所谓代数基本定理，从而开创了“存在性”证明的新时代.

高斯在数学世界“处处留芳”，他对数论、复变函数、椭圆函数、超几何级数、统计数学等各个领域都有卓越的贡献：他是第一个成功地运用复数和复平面几何的数学家：他的《算术探究》一书奠定了近代数论的基础；他的《一般曲面论》是近代微分几何的开端；他是第一个领悟到存在非欧几何的数学家；他是现代数学分析学的一位大师，他在 1812 年发表的论文《无穷级数的一般研究》，引入了高斯级数的概念，对级数的收敛性进行了第一次系统的研究，从而开创了关于级数收敛性研究的新时代，这项工作开辟了通往 19 世纪中叶分析学的严密化道路．拉普拉斯认为：“高斯是世界上最伟大的数学家.”

在天文学方面，他研究了月球的运转规律，创立了一种可以计算星球椭圆轨道的方法，能准确地预测行星在运行中所处的位置．他利用自己创造的最小二乘法算出了谷神星的轨道并发现了智神星的位置，阐述了星球的摄动理论和处理摄动的方法，这种方法导致海王星的发现．他的《天体运动理论》是一本不朽的经典名著．

在物理学方面，他发明了“日光反射器”，与韦伯一道建立了电磁学中的高斯单位制，最早设计与制造了电磁电报机，发表了《地磁概论》，绘出了世界第一张地球磁场图，定出了磁南极和磁北极的位置．

高斯厚积薄发、治学严谨，一生发表了 150 多篇论文，但仍有大量发现没有公诸于世．为了使自己的论著无懈可击，他的著作写得简单扼要且严密，不讲来龙去脉，有些语句几经琢磨提炼，以致简练得使人十分费解，他论著中所深藏不露的内容几乎比他所表现的明确结论还要多得多．阿贝尔对此曾说:“他像只狐狸，用尾巴抹平了自己在沙地上走过的脚印．”对于这些批评，高斯回答说：“凡有自尊心的建筑师，在瑰丽的大厦建成之后，决不会把脚手架留在那里．”不过他的著作过于精练、难以阅读也妨碍了他的思想更广泛的传播．由于高斯过于谨慎，怕引起“庸人的叫喊”，长期不敢将自己关于非欧几何的观点公之于世．另外他对待波尔约（Bolyai）的非欧几何和阿贝尔的椭圆函数所采取的冷漠态度，也是数学史上遗憾的事件．

高斯勤奋好学，多才多艺，喜爱音乐，嗜好唱歌和吟诗，擅长欧洲语言，深谙多国文字，拥有六千多卷各种文字（包括希腊、拉丁、英、法、俄、丹、德）的藏书．他在从事数学或科学工作之余，还广泛阅读欧洲当代文学和古代文学作品．他对世界政治很关心，每天最少花一小时在博物馆看各种报纸．对学习外语也很有兴趣，62 岁时，他在没有任何人帮助的情况下自学俄文，两年之后便能顺利地阅读俄文版的散文诗歌及小说．高斯不爱旅游，除到柏林参加一次学术会议之外，终生都在哥廷根，以巨大的精力从事数学及其应用方面的研究．

高斯是近代数学的伟大奠基者之一，他在历史上的影响之大可以和阿基米德、牛顿、欧拉并列．高斯被誉为“能从九霄云外的高度按某种观点掌握星空和深奥数学的天才．”他的国家的人民为了缅怀、纪念高斯，特将他的故乡改名为高斯堡，并在他的母校哥廷根大学建立了一座以正 17 边形棱柱为底座的高斯雕像，墓碑朴实无华，仅镌刻“高斯”二字，平淡里深藏着隽永意蕴，无言中饱含着千秋业绩．

附录 I　基本初等函数图像及性质

（一）基本初等函数

常函数、幂函数、指数函数、对数函数、三角函数与反三角函数称为**基本初等函数**. 下表所列为一些常见的基本初等函数的名称、表达式、定义域、图形及特性.

名称及表达式	定义域	图形（举例）	特性
常函数 $y=c$	$(-\infty,+\infty)$	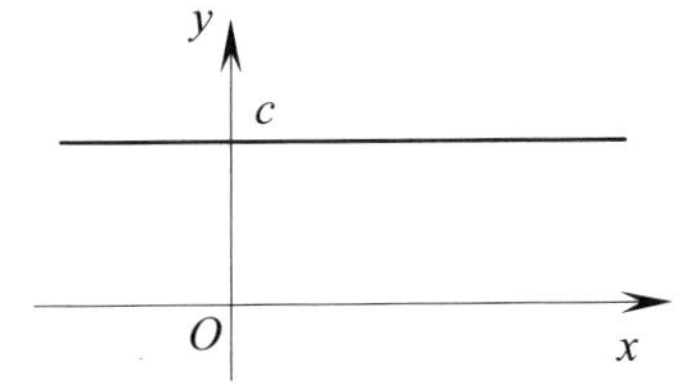	图像为平行于 x 轴的一条直线
幂函数 $y=x^{\alpha}$ （$\alpha\neq 0$）	随 α 不同而不同，但均在 $(0,+\infty)$ 中有意义	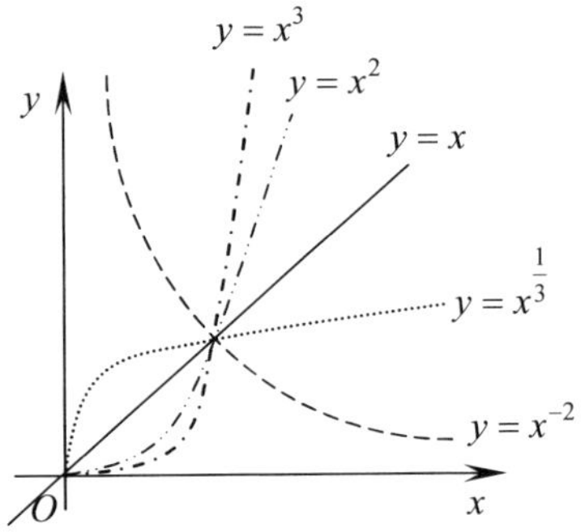	过点(1,1)； 在第一象限内： 当 $\alpha>0$ 时，为增函数； 当 $\alpha<0$ 时，为减函数
指数函数 $y=a^x$ （$a>0$，$a\neq 1$）	$(-\infty,+\infty)$	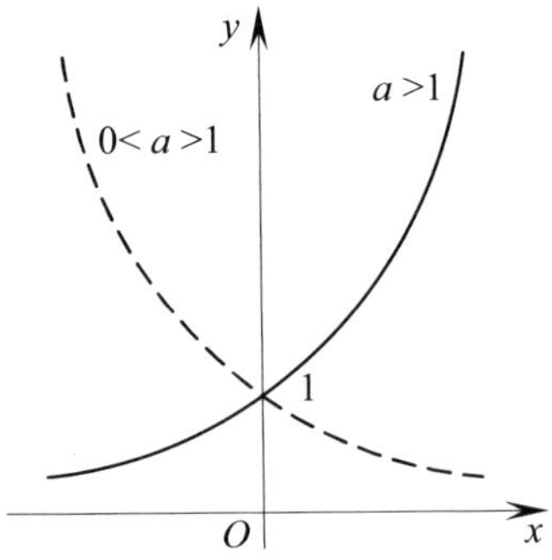	图像在 x 轴上方，过(0,1)点. 当 $0<a<1$ 时为减函数； 当 $a>1$ 时为增函数

续表

名称及表达式	定义域	图形（举例）	特性
对数函数 $y=\log_a x$ （$a>0$，$a\neq1$）	$(0,+\infty)$	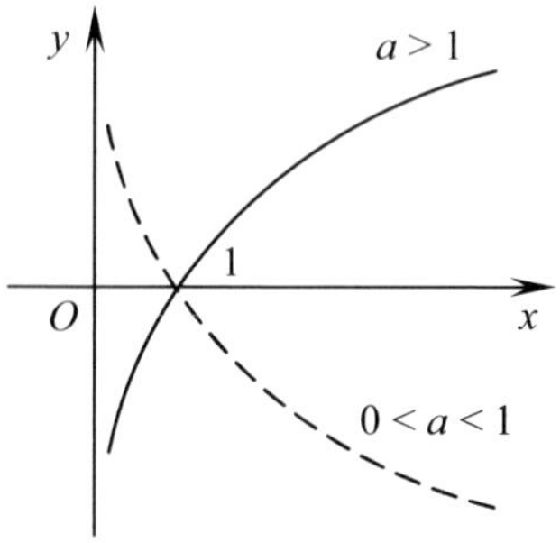	图像在 y 轴的右侧； 过(1,0)点； 当 $0<a<1$ 时为减函数； 当 $a>1$ 时为增函数
正弦函数 $y=\sin x$	$(-\infty,+\infty)$	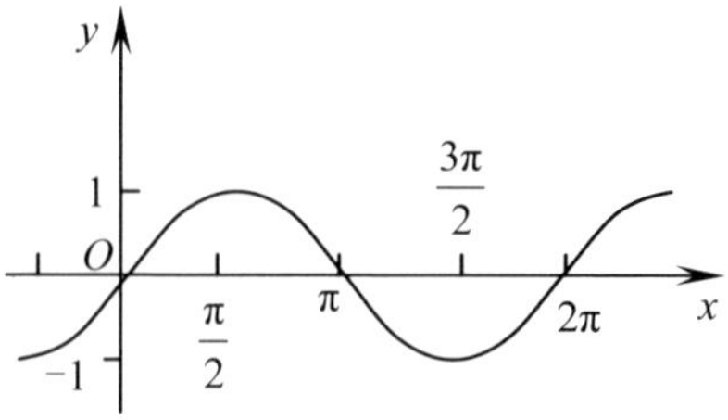	以 2π 为周期；奇函数，图形关于原点对称； 在两直线 $y=1$ 与 $y=-1$ 之间， $-1\leqslant\sin x\leqslant1$
余弦函数 $y=\cos x$	$(-\infty,+\infty)$	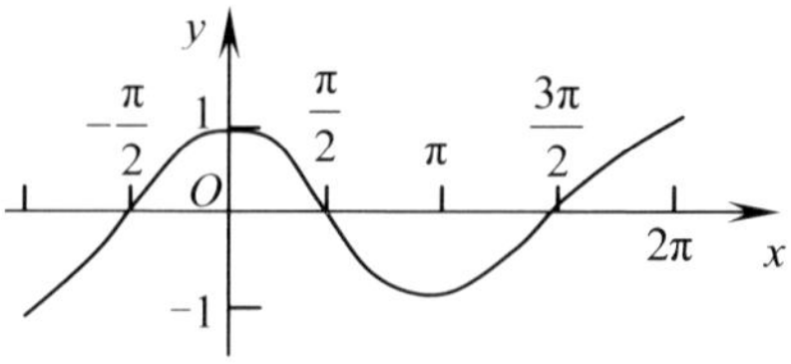	以 2π 为周期；偶函数，图形关于 y 轴对称； 在两直线 $y=1$ 与 $y=-1$ 之间，$-1\leqslant\cos x\leqslant1$
正切函数 $y=\tan x$	$x\neq(2k+1)\dfrac{\pi}{2}$ （$k=\pm1$，±2，…）	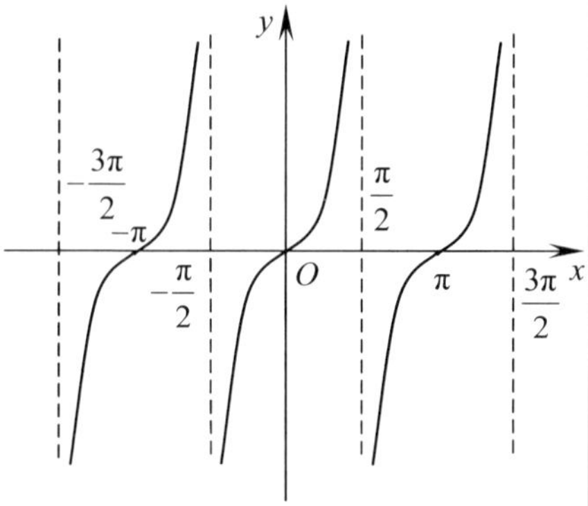	以 π 为周期；奇函数； 在 $\left(-\dfrac{\pi}{2},\dfrac{\pi}{2}\right)$ 内为增函数； 值域为 $(-\infty,+\infty)$

续表

名称及表达式	定义域	图形（举例）	特性
反正弦函数 $y=\arcsin x$	$[-1,1]$	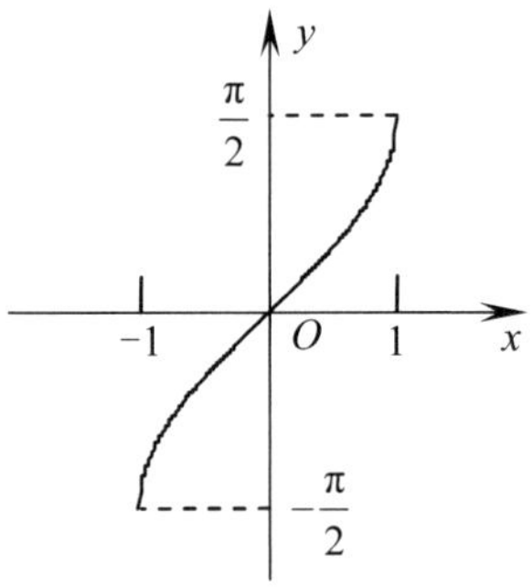	单调递增； 奇函数； 值域：$\left[-\frac{\pi}{2},\frac{\pi}{2}\right]$
反余弦函数 $y=\arccos x$	$[-1,1]$	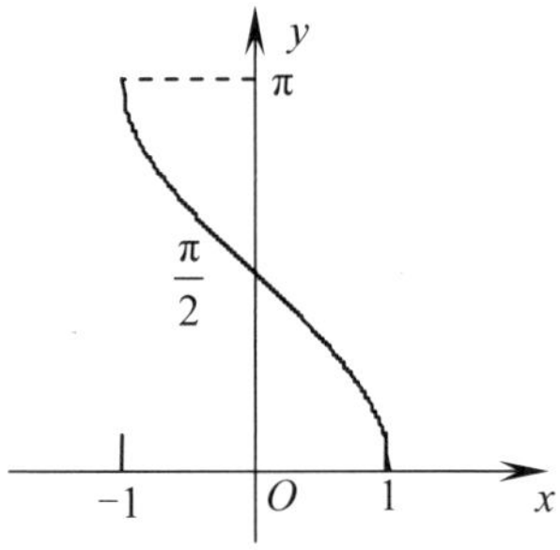	单调递减； 值域：$[0,\pi]$
反正切函数 $y=\arctan x$	$(-\infty,+\infty)$	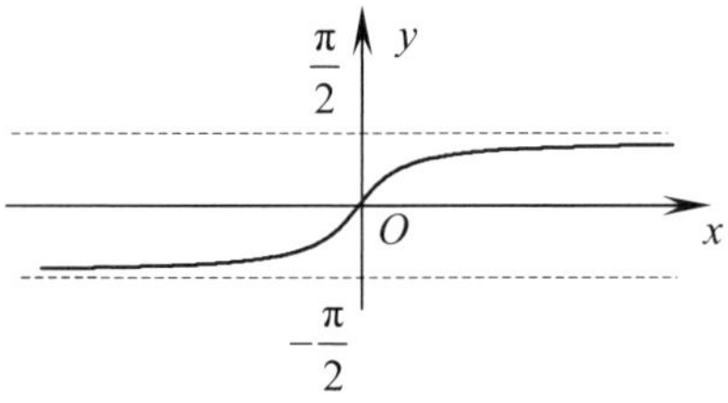	单调递增； 奇函数； 值域：$\left(-\frac{\pi}{2},\frac{\pi}{2}\right)$

（二）初等函数

由基本初等函数经过有限次的有理运算以及有限次函数复合得到的，并可用一个解析式表达的函数统称为初等函数.

（三）分段函数

$$f(x)=\begin{cases} g(x), & x\in I_1, \\ h(x), & x\in I_2. \end{cases}$$

（1）符号函数：$\operatorname{sgn} x=\begin{cases} 1, & x>0, \\ 0, & x=0, \\ -1, & x<0. \end{cases}$

（2）绝对值函数：$|f(x)|=\begin{cases} f(x), & f(x)>0, \\ -f(x), & f(x)<0. \end{cases}$

（3）取整函数：$[f(x)]$，表示不超过 $f(x)$ 的最大整数部分.

（4）最大值函数：$\max\{f(x),g(x)\}=\begin{cases} f(x), & f(x)\geqslant g(x), \\ g(x), & f(x)\leqslant g(x). \end{cases}$

（5）最小值函数：$\min\{f(x),g(x)\}=\begin{cases} g(x), & f(x)\geqslant g(x), \\ f(x), & f(x)\leqslant g(x). \end{cases}$

附录 II　常见三角函数公式

（一）“1”的变换

$\sin^2\alpha + \cos^2\alpha = 1$；

$\tan\alpha\cot\alpha = 1$.

（二）两角和与差的公式

$\sin(\alpha \pm \beta) = \sin\alpha\cos\beta \pm \cos\alpha\sin\beta$；

$\cos(\alpha \pm \beta) = \cos\alpha\cos\beta \mp \sin\alpha\sin\beta$；

$\tan(\alpha + \beta) = \dfrac{\tan\alpha + \tan\beta}{1 - \tan\alpha\tan\beta}$；

$\tan(\alpha - \beta) = \dfrac{\tan\alpha - \tan\beta}{1 + \tan\alpha\tan\beta}$.

（三）和差化积公式

$\sin\alpha + \sin\beta = 2\sin\dfrac{\alpha+\beta}{2}\cos\dfrac{\alpha-\beta}{2}$；

$\sin\alpha - \sin\beta = 2\cos\dfrac{\alpha+\beta}{2}\sin\dfrac{\alpha-\beta}{2}$；

$\cos\alpha + \cos\beta = 2\cos\dfrac{\alpha+\beta}{2}\cos\dfrac{\alpha-\beta}{2}$；

$\cos\alpha - \cos\beta = -2\sin\dfrac{\alpha+\beta}{2}\sin\dfrac{\alpha-\beta}{2}$.

（四）积化和差公式

$\sin\alpha\sin\beta = -\dfrac{1}{2}\left[\cos(\alpha+\beta) - \cos(\alpha-\beta)\right]$；

$\sin\alpha\cos\beta = \dfrac{1}{2}\left[\sin(\alpha+\beta) + \sin(\alpha-\beta)\right]$；

$\cos\alpha\cos\beta = \dfrac{1}{2}\left[\cos(\alpha+\beta) + \cos(\alpha-\beta)\right]$.

（五）倍角关系式

$\sin 2\alpha = 2\sin\alpha\cos\alpha$；

$\cos 2\alpha = \cos^2\alpha - \sin^2\alpha = 2\cos^2\alpha - 1 = 1 - 2\sin^2\alpha$；

$\tan 2\alpha = \dfrac{2\tan\alpha}{1 - \tan^2\alpha}$.

（六）万能公式

$\sin 2\alpha = \frac{2\tan\alpha}{1+\tan^2\alpha}$；

$\cos 2\alpha = \frac{1-\tan^2\alpha}{1+\tan^2\alpha}$；

$\tan 2\alpha = \frac{2\tan\alpha}{1-\tan^2\alpha}$.

（七）切割函数转换

$\sec\alpha = \frac{1}{\cos\alpha}$；

$\csc\alpha = \frac{1}{\sin\alpha}$；

$\sec^2\alpha = \tan^2\alpha + 1$；

$\csc^2\alpha = \cot^2\alpha + 1$.

附录 III　二阶和三阶行列式简介

设已知正方形数表

$$\begin{pmatrix} a_{11} & a_{12} \\ a_{21} & a_{22} \end{pmatrix}, \tag{1}$$

则数 $a_{11}a_{22}-a_{12}a_{21}$ 称为数表（1）所确定的**二阶行列式**，并记作

$$\begin{vmatrix} a_{11} & a_{12} \\ a_{21} & a_{22} \end{vmatrix},$$

即

$$\begin{vmatrix} a_{11} & a_{12} \\ a_{21} & a_{22} \end{vmatrix} = a_{11}a_{22}-a_{12}a_{21}.$$

数 a_{11}，a_{12}，a_{21}，a_{22} 叫作行列式中的**元素**，横排称为行列式的**行**，竖排称为行列式的**列**，元素 a_{ij} 中的第一个下标 i 表明该元素位于第 i 行，第二个下标 j 表明该元素位于第 j 列，a_{11}，a_{22} 也称为主对角线上的元素.

设二元线性方程组

$$\begin{cases} a_{11}x_1+a_{12}x_2=b_1, \\ a_{21}x_1+a_{22}x_2=b_2. \end{cases} \tag{2}$$

用大家熟悉的消元法，分别消去方程组（2）中的 x_2 与 x_1，可得

$$\begin{cases} (a_{11}a_{22}-a_{12}a_{21})x_1=b_1a_{22}-b_2a_{12}, \\ (a_{11}a_{22}-a_{12}a_{21})x_2=b_2a_{11}-b_1a_{21}. \end{cases} \tag{3}$$

记

$$\begin{vmatrix} a_{11} & a_{12} \\ a_{21} & a_{22} \end{vmatrix} = a_{11}a_{22}-a_{12}a_{21}=D,$$

$$\begin{vmatrix} b_1 & a_{12} \\ b_2 & a_{22} \end{vmatrix} = b_1a_{22}-b_2a_{12}=D_1,$$

$$\begin{vmatrix} a_{11} & b_1 \\ a_{21} & b_2 \end{vmatrix} = b_2a_{11}-b_1a_{21}=D_2,$$

则方程组（3）可写成

$$\begin{cases} Dx_1=D_1, \\ Dx_2=D_2. \end{cases}$$

当 $D\neq 0$ 时，方程组（2）有唯一解：

$$x_1 = \frac{D_1}{D}, \quad x_2 = \frac{D_2}{D},$$

其中，D 为方程组（2）的系数行列式，而 D_1 和 D_2 分别是方程组（2）的常数项分别代替 D 的第一列和第二列所形成的.

例 1 解方程组

$$\begin{cases} 3x_1 - 2x_2 = 12, \\ 2x_1 + x_2 = 1. \end{cases}$$

解 由于

$$D = \begin{vmatrix} 3 & -2 \\ 2 & 1 \end{vmatrix} = 3\times1 - 2\times(-2) = 7 \neq 0,$$

$$D_1 = \begin{vmatrix} 12 & -2 \\ 1 & 1 \end{vmatrix} = 12\times1 - 1\times(-2) = 14,$$

$$D_2 = \begin{vmatrix} 3 & 12 \\ 2 & 1 \end{vmatrix} = 3\times1 - 2\times12 = -21,$$

所以方程组有唯一的解

$$x_1 = \frac{D_1}{D} = \frac{14}{7} = 2, \quad x_2 = \frac{D_2}{D} = \frac{-21}{7} = -3.$$

设 已知正方形数表

$$\begin{pmatrix} a_{11} & a_{12} & a_{13} \\ a_{21} & a_{22} & a_{23} \\ a_{31} & a_{32} & a_{33} \end{pmatrix}, \tag{4}$$

记

$$\begin{vmatrix} a_{11} & a_{12} & a_{13} \\ a_{21} & a_{22} & a_{23} \\ a_{31} & a_{32} & a_{33} \end{vmatrix} = a_{11}a_{22}a_{33} + a_{12}a_{23}a_{31} + a_{13}a_{21}a_{32} - a_{31}a_{22}a_{13} - a_{32}a_{23}a_{11} - a_{33}a_{21}a_{12}, \tag{5}$$

称式（5）为数表（4）所确定的**三阶行列式**.

三阶行列式中的元素、行、列等概念与二阶行列式的相应概念类似.

例 2 计算三阶行列式

$$D = \begin{vmatrix} 1 & 2 & 4 \\ 1 & 3 & 9 \\ 1 & -1 & 1 \end{vmatrix}.$$

解 根据三阶行列式的定义有

$$\begin{aligned} D &= 1\times3\times1 + 2\times9\times1 + 4\times1\times(-1) - 1\times3\times4 - (-1)\times9\times1 - 1\times1\times2 \\ &= 3 + 18 - 4 - 12 + 9 - 2 = 12. \end{aligned}$$

可以将（5）式写成

$$\begin{aligned}&\begin{vmatrix}a_{11}&a_{12}&a_{13}\\a_{21}&a_{22}&a_{23}\\a_{31}&a_{32}&a_{33}\end{vmatrix}\\&=a_{11}(a_{22}a_{33}-a_{23}a_{32})-a_{12}(a_{21}a_{33}-a_{23}a_{31})+a_{13}(a_{21}a_{32}-a_{22}a_{31})\\&=a_{11}\begin{vmatrix}a_{22}&a_{23}\\a_{32}&a_{33}\end{vmatrix}-a_{12}\begin{vmatrix}a_{21}&a_{23}\\a_{31}&a_{33}\end{vmatrix}+a_{13}\begin{vmatrix}a_{21}&a_{22}\\a_{31}&a_{32}\end{vmatrix}.\end{aligned} \tag{6}$$

我们称式（6）为三阶行列式按第一行的**展开式**.

例 3 计算三阶行列式

$$D=\begin{vmatrix}1&2&0\\1&3&9\\1&-1&1\end{vmatrix}.$$

解 由公式（6）有

$$\begin{aligned}D&=\begin{vmatrix}1&2&0\\1&3&9\\1&-1&1\end{vmatrix}=1\begin{vmatrix}3&9\\-1&1\end{vmatrix}-2\begin{vmatrix}1&9\\1&1\end{vmatrix}+0\begin{vmatrix}1&3\\1&-1\end{vmatrix}\\&=1\times12-2\times(-8)+0\times(-4)=28.\end{aligned}$$

附录 IV　几种常见的曲线

（一）三次抛物线

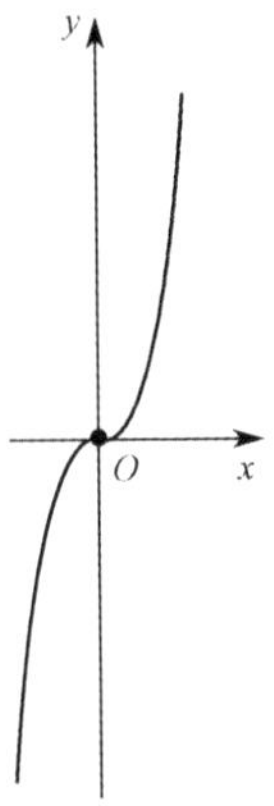

$$y = ax^3 \quad (a > 0).$$

（二）概率曲线

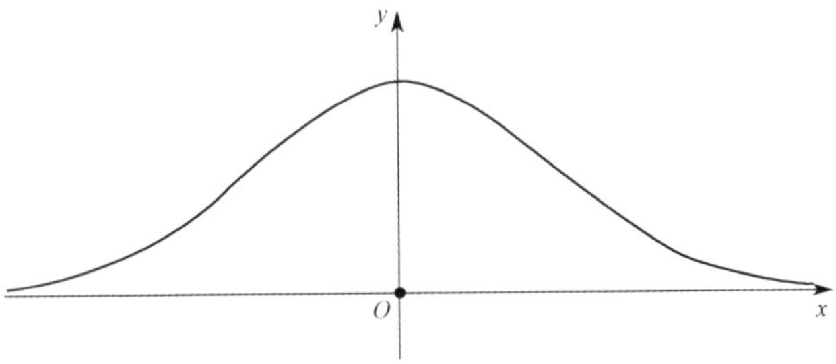

$$y = e^{-x^2} .$$

（三）圆

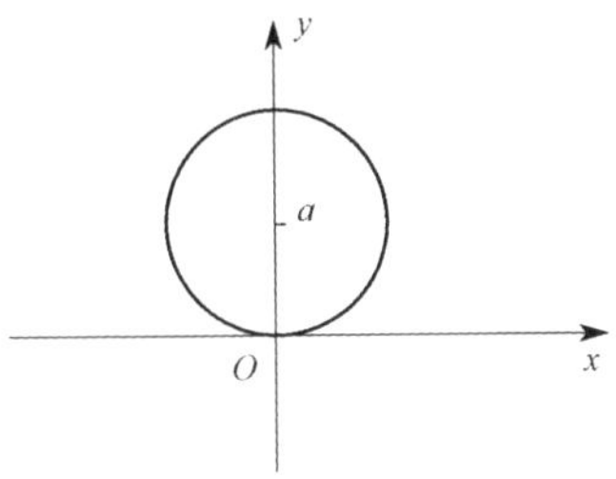

$$x^2 + (y-a)^2 = a^2 ,$$

$$\rho = 2a\sin\theta .$$

（四）圆

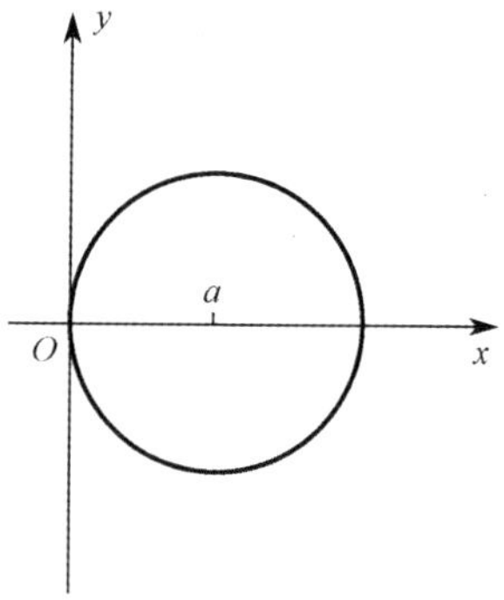

$$x^2+(y-a)^2=a^2,$$

$$\rho=2a\cos\theta.$$

（五）星形线（内摆线的一种）

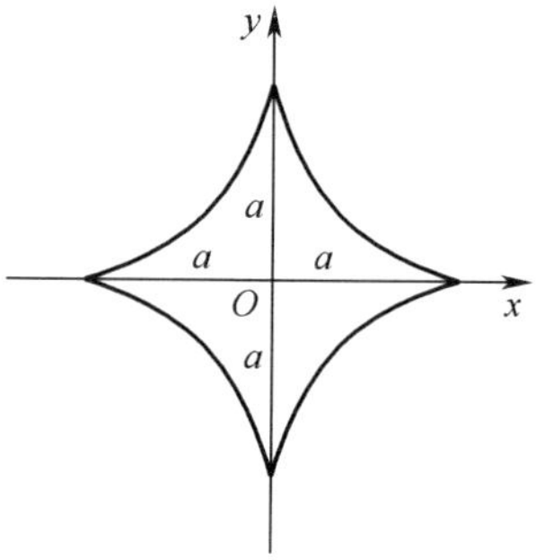

$$x^{\frac{2}{3}}+y^{\frac{2}{3}}=a^{\frac{2}{3}},$$

$$\begin{cases}x=a\cos^3\theta,\\ y=a\sin^3\theta.\end{cases}$$

（六）摆线

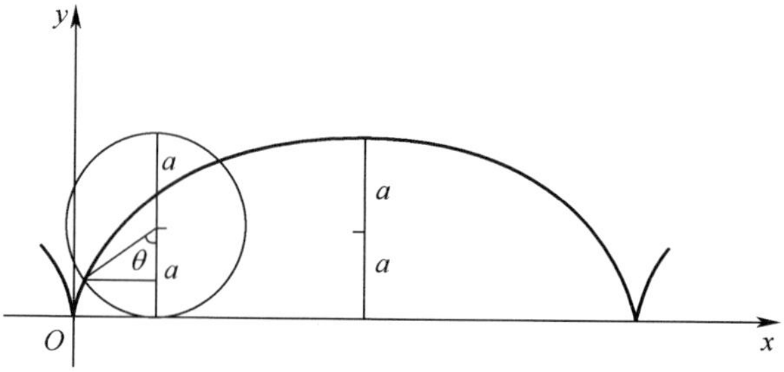

$$\begin{cases}x=a(\theta-\sin\theta),\\ y=a(1-\cos\theta).\end{cases}$$

（七）心形线（外摆线的一种）

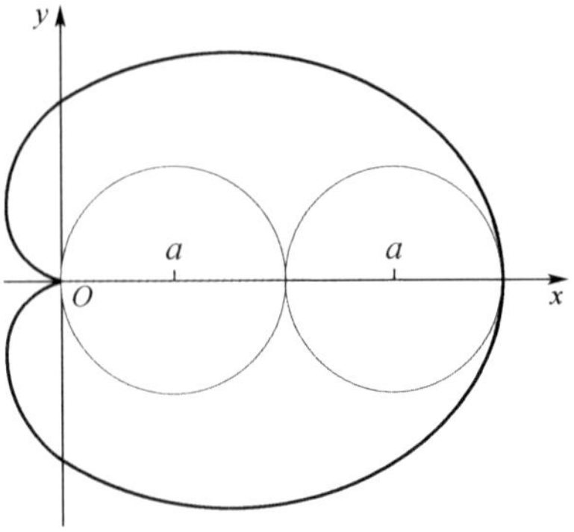

$$\rho = a(1+\cos\theta) .$$

（八）阿基米德螺线

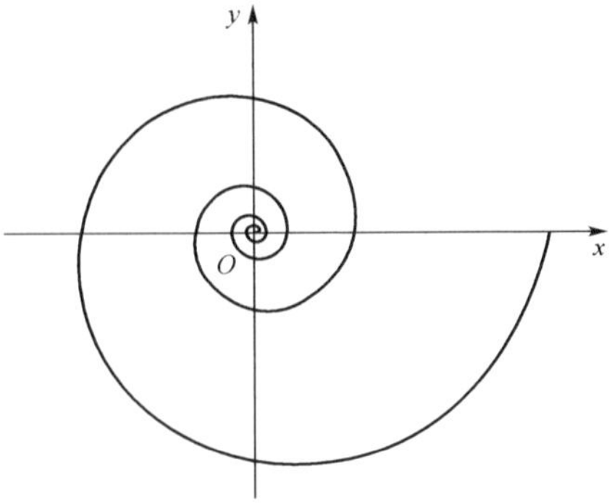

$$\rho = a\theta .$$

（九）伯努利双纽线（1）

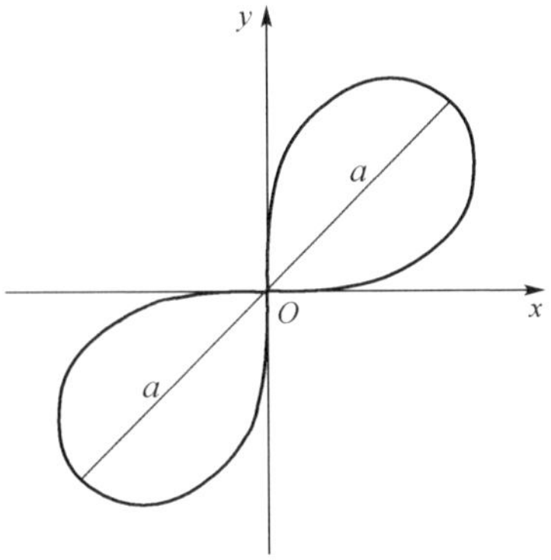

$$(x^2+y^2)^2 = 2a^2xy ,$$

$$\rho^2 = a^2\sin 2\theta .$$

（十）伯努利双纽线（2）

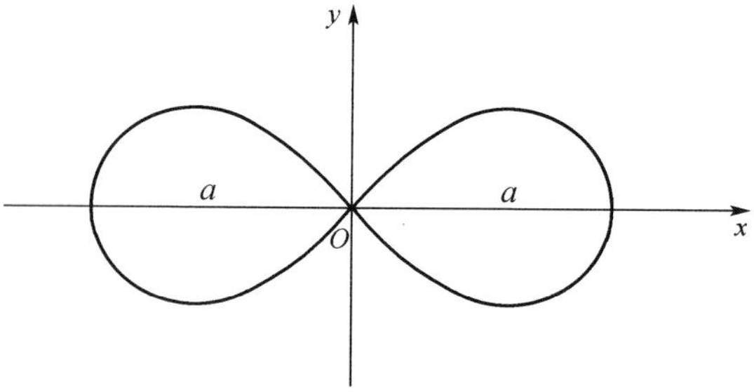

$$(x^2+y^2)^2=a^2(x^2-y^2)\text{，}$$

$$\rho^2=a^2\cos 2\theta\text{ .}$$

附录Ⅴ　积分表

（一）含有 $ax+b$ 的积分

1. $\int\frac{dx}{ax+b}=\frac{1}{a}\ln|ax+b|+C$；

2. $\int(ax+b)^{\mu}dx=\frac{1}{a(\mu+1)}(ax+b)^{\mu+1}+C$（$\mu\neq-1$）；

3. $\int\frac{x}{ax+b}dx=\frac{1}{a^2}(ax+b-b\ln|ax+b|)+C$；

4. $\int\frac{x^2}{ax+b}dx=\frac{1}{a^3}\left[\frac{1}{2}(ax+b)^2-2b(ax+b)+b^2\ln|ax+b|\right]$；

5. $\int\frac{dx}{x(ax+b)}=-\frac{1}{b}\ln\left|\frac{ax+b}{x}\right|+C$；

6. $\int\frac{dx}{x^2(ax+b)}=-\frac{1}{bx}+\frac{a}{b^2}\ln\left|\frac{ax+b}{x}\right|+C$；

7. $\int\frac{x}{(ax+b)^2}dx=\frac{1}{a^2}(\ln|ax+b|+\frac{b}{ax+b})+C$；

8. $\int\frac{x^2}{(ax+b)^2}dx=\frac{1}{a^3}\left(ax+b-2b\ln|ax+b|-\frac{b^2}{ax+b}\right)+C$；

9. $\int\frac{dx}{x(ax+b)^2}=\frac{1}{b(ax+b)}-\frac{1}{b^2}\ln\left|\frac{x}{ax+b}\right|+C$．

（二）含有 $\sqrt{ax+b}$ 的积分

10. $\int\sqrt{ax+b}dx=\frac{2}{3a}(ax+b)^{\frac{3}{2}}+C$；

11. $\int x\sqrt{ax+b}dx=\frac{2}{15a^2}(3ax-2b)(ax+b)^{\frac{3}{2}}+C$；

12. $\int x^2\sqrt{ax+b}dx=\frac{2}{105a^3}(15a^2x^2-12abx+8b^2)(ax+b)^{\frac{3}{2}}+C$；

13. $\int\frac{1}{\sqrt{ax+b}}dx=\frac{2}{a}\sqrt{ax+b}+C$；

14. $\int\frac{x}{\sqrt{ax+b}}dx=\frac{2}{3a^2}(ax-2b)\sqrt{ax+b}+C$；

15. $\int\frac{x^2}{\sqrt{ax+b}}dx=\frac{2}{15a^3}(3a^2x^2-4abx+8b^2)\sqrt{ax+b}+C$；

16. $\int\frac{x^3}{\sqrt{ax+b}}dx=\frac{2}{35a^4}(5a^3x^3-6a^2bx^2+8ab^2x+-16b^3)\sqrt{ax+b}+C$；

17. $\int\frac{dx}{x\sqrt{ax+b}}=\begin{cases}\frac{1}{\sqrt{b}}\ln\left|\frac{\sqrt{ax+b}-\sqrt{b}}{\sqrt{ax+b}+\sqrt{b}}\right|+C\ (b>0),\\ \frac{2}{\sqrt{-b}}\arctan\sqrt{\frac{ax+b}{-b}}+C\ (b<0)\end{cases}$；

18. $\int\frac{dx}{x^2\sqrt{ax+b}}=-\frac{\sqrt{ax+b}}{bx}-\frac{a}{2b}\int\frac{dx}{x\sqrt{ax+b}}$（18、19、20 利用 17 的结果）；

19. $\int\frac{\sqrt{ax+b}}{x}dx=2\sqrt{ax+b}+b\int\frac{dx}{x\sqrt{ax+b}}$；

20. $\int\frac{\sqrt{ax+b}}{x^2}dx=-\frac{\sqrt{ax+b}}{x}+\frac{a}{2}\int\frac{dx}{x\sqrt{ax+b}}$.

（三）含有 $x^2\pm a^2$ 的积分

21. $\int\frac{dx}{x^2-a^2}=\frac{1}{2a}\ln\left|\frac{x-a}{x+a}\right|+C$；

22. $\int\frac{dx}{x^2+a^2}=\frac{1}{a}\arctan\frac{x}{a}+C$；

23. $\int\frac{dx}{(x^2+a^2)^n}=\frac{x}{2(n-1)a^2(x^2+a^2)^{n-1}}+\frac{2n-3}{2(n-1)a^2}\int\frac{dx}{(x^2+a^2)^{n-1}}$.

（四）含有 ax^2+b（$a>0$）的积分

24. $\int\frac{dx}{ax^2+b}=\begin{cases}\frac{1}{\sqrt{ab}}\arctan\sqrt{\frac{a}{b}}x+C\ (b>0),\\ \frac{1}{\sqrt{-4ab}}\ln\left|\frac{\sqrt{a}x-\sqrt{-b}}{\sqrt{a}x+\sqrt{-b}}\right|+C\ (b<0)\end{cases}$；

25. $\int\frac{x}{ax^2+b}dx=\frac{1}{2a}\ln\left|ax+b\right|+C$；

26. $\int \frac{x^2}{ax^2+b}\mathrm{d}x = \frac{x}{a} - \frac{b}{a}\int \frac{\mathrm{d}x}{ax^2+b}$（26、28、30 利用 24 的结果）;

27. $\int \frac{\mathrm{d}x}{x(ax^2+b)} = \frac{1}{2b}\ln\frac{x^2}{|ax^2+b|} + C$；

28. $\int \frac{\mathrm{d}x}{x^2(ax^2+b)} = -\frac{1}{bx} - \frac{a}{b}\int \frac{\mathrm{d}x}{ax^2+b}$；

29. $\int \frac{\mathrm{d}x}{x^3(ax^2+b)} = \frac{a}{2b^2}\ln\frac{|ax^2+b|}{x^2} - \frac{1}{2bx^2} + C$；

30. $\int \frac{\mathrm{d}x}{(ax^2+b)^2} = \frac{x}{2b(ax^2+b)} + \frac{1}{2b}\int \frac{\mathrm{d}x}{ax^2+b}$.

（五）含有 ax^2+bx+c（$a>0$）的积分

31. $\int \frac{\mathrm{d}x}{ax^2+bx+c} = \begin{cases} \frac{2}{\sqrt{4ac-b^2}}\arctan\frac{2ax+b}{\sqrt{4ac-b^2}} + C\ (b^2<4ac), \\ \frac{1}{\sqrt{b^2-4ac}}\ln\left|\frac{2ax+b-\sqrt{b^2-4ac}}{2ax+b+\sqrt{b^2-4ac}}\right| + C\ (b^2>4ac) \end{cases}$；

32. $\int \frac{x}{ax^2+bx+c}\mathrm{d}x = \frac{1}{2a}\ln\left|ax^2+bx+c\right| - \frac{b}{2a}\int \frac{\mathrm{d}x}{ax^2+bx+c}$（利用 31 的结果）.

（六）含有 $\sqrt{a^2-x^2}$（$a>0$）的积分

33. $\int \frac{\mathrm{d}x}{\sqrt{a^2-x^2}} = \arcsin\frac{x}{a} + C$；

34. $\int \frac{\mathrm{d}x}{\sqrt{(a^2-x^2)^3}} = \frac{x}{a^2\sqrt{a^2-x^2}} + C$；

35. $\int \frac{x}{\sqrt{a^2-x^2}}\mathrm{d}x = -\sqrt{a^2-x^2} + C$；

36. $\int \frac{x}{\sqrt{(a^2-x^2)^3}}\mathrm{d}x = \frac{1}{\sqrt{a^2-x^2}} + C$；

37. $\int \frac{x^2}{\sqrt{a^2-x^2}}\mathrm{d}x = -\frac{x}{2}\sqrt{a^2-x^2} + \frac{a^2}{2}\arcsin\frac{x}{a} + C$；

38. $\int \frac{x^2}{\sqrt{(a^2-x^2)^3}}\mathrm{d}x = \frac{x}{\sqrt{a^2-x^2}} - \arcsin\frac{x}{a} + C$；

39. $\int \frac{\mathrm{d}x}{x\sqrt{a^2-x^2}}=\frac{1}{a}\ln\frac{a-\sqrt{a^2-x^2}}{|x|}+C$；

40. $\int \frac{\mathrm{d}x}{x^2\sqrt{a^2-x^2}}=-\frac{\sqrt{a^2-x^2}}{a^2x}+C$；

41. $\int \sqrt{a^2-x^2}\mathrm{d}x=\frac{x}{2}\sqrt{a^2-x^2}+\frac{a^2}{2}\arcsin\frac{x}{a}+C$；

42. $\int \sqrt{(a^2-x^2)^3}\mathrm{d}x=\frac{x}{8}(5a^2-2x^2)\sqrt{a^2-x^2}+\frac{3a^4}{8}\arcsin\frac{x}{a}+C$；

43. $\int x\sqrt{a^2-x^2}\mathrm{d}x=\frac{1}{3}(a^2-x^2)^{\frac{3}{2}}+C$；

44. $\int x^2\sqrt{a^2-x^2}\mathrm{d}x=\frac{x}{8}(2x^2-a^2)\sqrt{a^2-x^2}+\frac{a^4}{8}\arcsin\frac{x}{a}+C$；

45. $\int \frac{\sqrt{a^2-x^2}}{x}\mathrm{d}x=\sqrt{a^2-x^2}+a\ln\frac{a-\sqrt{a^2-x^2}}{|x|}+C$；

46. $\int \frac{\sqrt{a^2-x^2}}{x^2}\mathrm{d}x=-\frac{\sqrt{a^2-x^2}}{x}-\arcsin\frac{x}{a}+C$.

（七）含有 $\sqrt{a^2+x^2}$ （$a>0$）的积分

47. $\int \frac{\mathrm{d}x}{\sqrt{a^2+x^2}}=\ln(x+\sqrt{a^2+x^2})+C$；

48. $\int \frac{\mathrm{d}x}{\sqrt{(a^2+x^2)^3}}=\frac{x}{a^2\sqrt{a^2+x^2}}+C$；

49. $\int \frac{x}{\sqrt{a^2+x^2}}\mathrm{d}x=\sqrt{a^2+x^2}+C$；

50. $\int \frac{x}{\sqrt{(a^2+x^2)^3}}\mathrm{d}x=-\frac{1}{\sqrt{a^2+x^2}}+C$；

51. $\int \frac{x^2}{\sqrt{a^2+x^2}}\mathrm{d}x=\frac{x}{2}\sqrt{a^2+x^2}-\frac{a^2}{2}\ln(x+\sqrt{a^2+x^2})+C$；

52. $\int \frac{x^2}{\sqrt{(a^2+x^2)^3}}\mathrm{d}x=-\frac{x}{\sqrt{a^2+x^2}}+\ln(x+\sqrt{a^2+x^2})+C$；

53. $\int\frac{\mathrm{d}x}{x\sqrt{a^2+x^2}}=\frac{1}{a}\ln\frac{\sqrt{a^2+x^2}-a}{|x|}+C$；

54. $\int\frac{\mathrm{d}x}{x^2\sqrt{a^2+x^2}}=-\frac{\sqrt{a^2+x^2}}{a^2x}+C$；

55. $\int\sqrt{a^2+x^2}\,\mathrm{d}x=\frac{x}{2}\sqrt{a^2+x^2}+\frac{a^2}{2}\ln(x+\sqrt{a^2+x^2})+C$；

56. $\int\sqrt{(a^2+x^2)^3}\,\mathrm{d}x=\frac{x}{8}(2x^2+5a^2)\sqrt{a^2+x^2}+\frac{3a^4}{8}\ln(x+\sqrt{a^2+x^2})+C$；

57. $\int x\sqrt{a^2+x^2}\,\mathrm{d}x=\frac{1}{3}(a^2+x^2)^{\frac{3}{2}}+C$；

58. $\int x^2\sqrt{a^2+x^2}\,\mathrm{d}x=\frac{x}{8}(2x^2+a^2)\sqrt{a^2+x^2}-\frac{a^4}{8}\ln(x+\sqrt{a^2+x^2})+C$；

59. $\int\frac{\sqrt{a^2+x^2}}{x}\mathrm{d}x=\sqrt{a^2+x^2}+a\ln\frac{\sqrt{a^2+x^2}-a}{|x|}+C$；

60. $\int\frac{\sqrt{a^2+x^2}}{x^2}\mathrm{d}x=\frac{\sqrt{a^2+x^2}}{-x}+\ln(x+\sqrt{a^2+x^2})+C$.

（八）含有$\sqrt{x^2-a^2}$（$a>0$）的积分

61. $\int\frac{\mathrm{d}x}{\sqrt{x^2-a^2}}=\ln\left|x+\sqrt{x^2-a^2}\right|+C$；

62. $\int\frac{\mathrm{d}x}{\sqrt{(x^2-a^2)^3}}=-\frac{x}{a^2\sqrt{x^2-a^2}}+C$；

63. $\int\frac{x}{\sqrt{x^2-a^2}}\mathrm{d}x=\sqrt{x^2-a^2}+C$；

64. $\int\frac{x}{\sqrt{(x^2-a^2)^3}}\mathrm{d}x=-\frac{1}{\sqrt{x^2-a^2}}+C$；

65. $\int\frac{x^2}{\sqrt{x^2-a^2}}\mathrm{d}x=\frac{x}{2}\sqrt{x^2-a^2}+\frac{a^2}{2}\ln\left|x+\sqrt{x^2-a^2}\right|+C$；

66. $\int\frac{x^2}{\sqrt{(x^2-a^2)^3}}\mathrm{d}x=-\frac{x}{\sqrt{x^2-a^2}}+\ln\left|x+\sqrt{x^2-a^2}\right|+C$；

67. $\int\frac{\mathrm{d}x}{x\sqrt{x^2-a^2}}=\frac{1}{a}\arccos\frac{a}{|x|}+C$；

68. $\int\frac{\mathrm{d}x}{x^2\sqrt{x^2-a^2}}=\frac{\sqrt{x^2-a^2}}{a^2x}+C$；

69. $\int\sqrt{x^2-a^2}\mathrm{d}x=\frac{x}{2}\sqrt{x^2-a^2}-\frac{a^2}{2}\ln\left|x+\sqrt{x^2-a^2}\right|+C$；

70. $\int\sqrt{(x^2-a^2)^3}\mathrm{d}x=\frac{x}{8}(2x^2-5a^2)\sqrt{x^2-a^2}+\frac{3a^4}{8}\ln\left|x+\sqrt{x^2-a^2}\right|+C$；

71. $\int x\sqrt{x^2-a^2}\mathrm{d}x=\frac{1}{3}(x^2-a^2)^{\frac{3}{2}}+C$；

72. $\int x^2\sqrt{x^2-a^2}\mathrm{d}x=\frac{x}{8}(2x^2-a^2)\sqrt{x^2-a^2}-\frac{a^4}{8}\ln\left|x+\sqrt{x^2-a^2}\right|+C$；

73. $\int\frac{\sqrt{x^2-a^2}}{x}\mathrm{d}x=\sqrt{x^2-a^2}-a\arccos\frac{a}{|x|}+C$；

74. $\int\frac{\sqrt{x^2-a^2}}{x^2}\mathrm{d}x=-\frac{\sqrt{x^2-a^2}}{x}+\ln\left|x+\sqrt{x^2-a^2}\right|+C$.

（九）含有 $\sqrt{\pm ax^2+bx+c}$ （$a>0$）的积分

75. $\int\frac{\mathrm{d}x}{\sqrt{ax^2+bx+c}}=\frac{1}{\sqrt{a}}\ln\left|2ax+b+2\sqrt{a(ax^2+bx+c)}\right|+C$；

76. $\int\sqrt{ax^2+bx+c}\mathrm{d}x=\frac{2ax+b}{4a}\sqrt{ax^2+bx+c}+$

$\frac{4ac-b^2}{8a\sqrt{a}}\ln\left|2ax+b+2\sqrt{a(ax^2+bx+c)}\right|+C$；

77. $\int\frac{x}{\sqrt{ax^2+bx+c}}\mathrm{d}x=\frac{1}{a}\sqrt{ax^2+bx+c}-$

$\frac{b}{2a\sqrt{a}}\ln\left|2ax+b+2\sqrt{a(ax^2+bx+c)}\right|+C$；

78. $\int\frac{\mathrm{d}x}{\sqrt{-ax^2+bx+c}}=-\frac{1}{\sqrt{a}}\arcsin\frac{2ax-b}{\sqrt{b^2+4ac}}+C$；

79. $\int\sqrt{-ax^2+bx+c}\mathrm{d}x=\frac{2ax-b}{4a}\sqrt{-ax^2+bx+c}+$

$\frac{b^2+4ac}{8a\sqrt{a}}\arcsin\frac{2ax-b}{\sqrt{b^2+4ac}}+C$；

80. $\int\frac{x}{\sqrt{-ax^2+bx+c}}\mathrm{d}x=-\frac{1}{a}\sqrt{-ax^2+bx+c}+\frac{b}{2a\sqrt{a}}\arcsin\frac{2ax-b}{\sqrt{b^2+4ac}}+C$.

（十）含有 $\sqrt{\pm\frac{x-a}{x-b}}$ 或 $\sqrt{(x-a)(b-x)}$ 的积分

81. $\int\sqrt{\frac{x-a}{x-b}}\mathrm{d}x=(x-b)\sqrt{\frac{x-a}{x-b}}+(b-a)\ln(\sqrt{|x-a|}+\sqrt{|x-b|})+C$；

82. $\int\sqrt{\frac{x-a}{b-x}}\mathrm{d}x=(x-b)\sqrt{\frac{x-a}{b-x}}+(b-a)\arcsin\sqrt{\frac{x-a}{b-a}}+C$；

83. $\int\frac{\mathrm{d}x}{\sqrt{(x-a)(b-x)}}=2\arcsin\sqrt{\frac{x-a}{b-a}}+C$ （$a<b$）；

84. $\int\sqrt{(x-a)(b-x)}\mathrm{d}x=\frac{2x-a-b}{4}\sqrt{(x-a)(b-x)}+$

$\frac{(b-a)^2}{4}\arcsin\sqrt{\frac{x-a}{b-a}}+C$ （$a<b$）.

（十一）含有三角函数的积分

85. $\int\sin x\mathrm{d}x=-\cos x+C$；

86. $\int\cos x\mathrm{d}x=\sin x+C$；

87. $\int\tan x\mathrm{d}x=-\ln|\cos x|+C$；

88. $\int\cot x\mathrm{d}x=\ln|\sin x|+C$；

89. $\int\sec x\mathrm{d}x=\ln|\sec x+\tan x|+C$；

90. $\int\csc x\mathrm{d}x=\ln|\csc x-\cot x|+C$；

91. $\int\frac{1}{\cos^2 x}\mathrm{d}x=\int\sec^2 x\mathrm{d}x=\tan x+C$；

92. $\int\frac{1}{\sin^2 x}\mathrm{d}x=\int\csc^2 x\mathrm{d}x=-\cot x+C$；

93. $\int\sec x\tan x\mathrm{d}x=\sec x+C$；

94. $\int\csc x\cot x\mathrm{d}x=-\csc x+C$；

95. $\int\sin^2 x\mathrm{d}x=\frac{x}{2}-\frac{1}{4}\sin 2x+C$；

96. $\int \cos^2 x\mathrm{d}x = \frac{x}{2} + \frac{1}{4}\sin 2x + C$；

97. $\int \sin^n x\mathrm{d}x = -\frac{1}{n}\sin^{n-1} x\cos x + \frac{n-1}{n}\int \sin^{n-2} x\mathrm{d}x$（97～101 为递推公式）；

98. $\int \cos^n x\mathrm{d}x = \frac{1}{n}\cos^{n-1} x\sin x + \frac{n-1}{n}\int \cos^{n-2} x\mathrm{d}x$；

99. $\int \frac{\mathrm{d}x}{\sin^n x} = -\frac{1}{n-1}\cdot\frac{\cos x}{\sin^{n-1} x} + \frac{n-2}{n-1}\int \frac{\mathrm{d}x}{\sin^{n-2} x}$；

100. $\int \frac{\mathrm{d}x}{\cos^n x} = \frac{1}{n-1}\cdot\frac{\sin x}{\cos^{n-1} x} + \frac{n-2}{n-1}\int \frac{\mathrm{d}x}{\cos^{n-2} x}$；

101. $\int \cos^m x\sin^n x\mathrm{d}x = \frac{1}{m+n}\cos^{m-1} x\sin^{n+1} x + \frac{m-1}{m+n}\int \cos^{m-2} x\sin^n x\mathrm{d}x$；

102. $\int \sin ax\cos bx\mathrm{d}x = \frac{1}{2}\left[\frac{-\cos(a+b)x}{a+b} + \frac{-\cos(a-b)x}{a-b}\right] + C$；

103. $\int \cos ax\sin bx\mathrm{d}x = \frac{1}{2}\left[\frac{-\cos(a+b)x}{a+b} + \frac{\cos(a-b)x}{a-b}\right] + C$；

104. $\int \cos ax\cos bx\mathrm{d}x = \frac{1}{2}\left[\frac{\sin(a+b)x}{a+b} + \frac{\sin(a-b)x}{a-b}\right] + C$；

105. $\int \sin ax\sin bx\mathrm{d}x = \frac{1}{2}\left[\frac{-\sin(a+b)x}{a+b} + \frac{\sin(a-b)x}{a-b}\right] + C$；

106. $\int \frac{\mathrm{d}x}{a+b\sin x} = \frac{2}{\sqrt{a^2-b^2}}\arctan\frac{a\tan\frac{x}{2}+b}{\sqrt{a^2-b^2}} + C$ （$a^2 > b^2$）；

107. $\int \frac{\mathrm{d}x}{a+b\sin x} = \frac{1}{\sqrt{b^2-a^2}}\ln\left|\frac{a\tan\frac{x}{2}+b-\sqrt{b^2-a^2}}{a\tan\frac{x}{2}+b+\sqrt{b^2-a^2}}\right| + C$ （$a^2 < b^2$）；

108. $\int \frac{\mathrm{d}x}{a+b\cos x} = \frac{2}{a+b}\sqrt{\frac{a+b}{a-b}}\arctan\left(\sqrt{\frac{a-b}{a+b}}\tan\frac{x}{2}\right) + C$ （$a^2 > b^2$）；

109. $\int \frac{\mathrm{d}x}{a+b\cos x} = \frac{1}{a+b}\sqrt{\frac{a+b}{b-a}}\ln\left|\frac{\tan\frac{x}{2}+\sqrt{\frac{a+b}{b-a}}}{\tan\frac{x}{2}-\sqrt{\frac{a+b}{b-a}}}\right| + C$ （$a^2 < b^2$）；

110. $\int \frac{dx}{a^2\cos^2 x + b^2\sin^2 x} = \frac{1}{ab}\arctan\left(\frac{b\tan x}{a}\right) + C$;

111. $\int \frac{dx}{a^2\cos^2 x - b^2\sin^2 x} = \frac{1}{2ab}\ln\left|\frac{b\tan x + a}{b\tan x - a}\right| + C$;

112. $\int x\sin ax dx = -\frac{x\cos ax}{a} + \frac{\sin ax}{a^2} + C$;

113. $\int x^2\sin ax dx = -\frac{x^2\cos ax}{a} + \frac{2x\sin ax}{a^2} + \frac{2\cos ax}{a^3} + C$;

114. $\int x\cos ax dx = \frac{\cos ax}{a^2} + \frac{x\sin ax}{a} + C$;

115. $\int x^2\cos ax dx = \frac{x^2\sin ax}{a} + \frac{2x\cos ax}{a^2} - \frac{2\sin ax}{a^3} + C$.

（十二）含有反三角函数的积分（其中 $a > 0$）

116. $\int \arcsin\frac{x}{a}dx = x\arcsin\frac{x}{a} + \sqrt{a^2 - x^2} + C$;

117. $\int x\arcsin\frac{x}{a}dx = \frac{2x^2 - a^2}{4}\arcsin\frac{x}{a} + \frac{x}{4}\sqrt{a^2 - x^2} + C$;

118. $\int x^2\arcsin\frac{x}{a}dx = \frac{x^3}{3}\arcsin\frac{x}{a} + \frac{x^2 + 2a^2}{9}\sqrt{a^2 - x^2} + C$;

119. $\int \arccos\frac{x}{a}dx = x\arccos\frac{x}{a} - \sqrt{a^2 - x^2} + C$;

120. $\int x\arccos\frac{x}{a}dx = \frac{2x^2 - a^2}{4}\arccos\frac{x}{a} - \frac{x}{4}\sqrt{a^2 - x^2} + C$;

121. $\int x^2\arccos\frac{x}{a}dx = \frac{x^3}{3}\arccos\frac{x}{a} - \frac{x^2 + 2a^2}{9}\sqrt{a^2 - x^2} + C$;

122. $\int \arctan\frac{x}{a}dx = x\arctan\frac{x}{a} - \frac{a}{2}\ln(a^2 + x^2) + C$;

123. $\int x\arctan\frac{x}{a}dx = \frac{x^2 + a^2}{2}\arctan\frac{x}{a} - \frac{ax}{2} + C$;

124. $\int x^2\arctan\frac{x}{a}dx = \frac{x^3}{3}\arctan\frac{x}{a} - \frac{ax^2}{6} + \frac{a^3}{6}\ln(a^2 + x^2) + C$.

（十三）含有指数函数的积分

125. $\int a^x dx = \frac{a^x}{\ln a} + C$;

126. $\int xa^x \mathrm{d}x = \frac{xa^x}{\ln a} - \frac{a^x}{\ln^2 a} + C$；

127. $\int x^n a^x \mathrm{d}x = \frac{x^n a^x}{\ln a} - \frac{n}{\ln a}\int x^{n-1} a^x \mathrm{d}x$；

128. $\int \mathrm{e}^{ax} \mathrm{d}x = \frac{\mathrm{e}^{ax}}{a} + C$；

129. $\int x\mathrm{e}^{ax} \mathrm{d}x = \frac{(ax-1)\mathrm{e}^{ax}}{a^2} + C$；

130. $\int x^n \mathrm{e}^{ax} \mathrm{d}x = \frac{x^n \mathrm{e}^{ax}}{a} - \frac{n}{a}\int x^{n-1}\mathrm{e}^{ax} \mathrm{d}x$；

131. $\int \mathrm{e}^{ax} \sin bx \mathrm{d}x = \frac{\mathrm{e}^{ax}}{a^2+b^2}(a\sin bx - b\cos bx) + C$；

132. $\int \mathrm{e}^{ax} \cos bx \mathrm{d}x = \frac{\mathrm{e}^{ax}}{a^2+b^2}(b\sin bx + a\cos bx) + C$；

133. $\int \mathrm{e}^{ax} \sin^n bx \mathrm{d}x = \frac{\mathrm{e}^{ax}\sin^{n-1} bx}{a^2+b^2n^2}(a\sin bx - nb\cos bx) + \frac{n(n-1)b^2}{a^2+b^2n^2}\int \mathrm{e}^{ax}\sin^{n-2} bx \mathrm{d}x$；

134. $\int \mathrm{e}^{ax} \cos^n bx \mathrm{d}x = \frac{\mathrm{e}^{ax}\cos^{n-1} bx}{a^2+b^2n^2}(a\cos bx + nb\sin bx) + \frac{n(n-1)b^2}{a^2+b^2n^2}\int \mathrm{e}^{ax}\cos^{n-2} bx \mathrm{d}x$.

（十四）含有对数函数的积分

135. $\int \ln x \mathrm{d}x = x\ln x - x + C$；

136. $\int \frac{\mathrm{d}x}{x\ln x} = \ln|\ln x| + C$；

137. $\int x^n \ln x \mathrm{d}x = \frac{x^{n+1}}{n+1}(\ln x - \frac{1}{n+1}) + C$；

138. $\int (\ln x)^n \mathrm{d}x = x(\ln x)^n - n\int (\ln x)^{n-1} \mathrm{d}x$ （138、139 为递推公式）；

139. $\int x^m (\ln x)^n \mathrm{d}x = \frac{x^{m+1}(\ln x)^n}{m+1} - \frac{n}{m+1}\int x^m (\ln x)^{n-1} \mathrm{d}x$.

（十五）定积分

140. $\int_{-\pi}^{\pi} \cos nx \mathrm{d}x = \int_{-\pi}^{\pi} \sin nx \mathrm{d}x = 0$；

141. $\int_{-\pi}^{\pi} \cos mx \sin nx \mathrm{d}x = 0$；

142. $\int_{-\pi}^{\pi}\cos mx\cos nx\mathrm{d}x=\begin{cases}0\ (m\neq n),\\ \pi\ (m=n)\end{cases}$；

143. $\int_{-\pi}^{\pi}\sin mx\sin nx\mathrm{d}x=\begin{cases}0\ (m\neq n),\\ \pi\ (m=n)\end{cases}$；

144. $\int_{0}^{\pi}\sin mx\sin nx\mathrm{d}x=\int_{0}^{\pi}\cos mx\cos nx\mathrm{d}x=\begin{cases}0\ \ (m\neq n),\\ \dfrac{\pi}{2}\ \ (m=n)\end{cases}$；

145. $I_n=\int_{0}^{\frac{\pi}{2}}\sin^n x\mathrm{d}x=\int_{0}^{\frac{\pi}{2}}\cos^n x\mathrm{d}x=\dfrac{n-1}{n}I_{n-2}$

$$=\begin{cases}\dfrac{n-1}{n}\cdot\dfrac{n-3}{n-2}\cdot\cdots\cdot\dfrac{4}{5}\cdot\dfrac{2}{3}\ \ (n\text{ 为大于 1 的正奇数}),\ I_1=1,\\ \dfrac{n-1}{n}\cdot\dfrac{n-3}{n-2}\cdot\cdots\cdot\dfrac{3}{4}\cdot\dfrac{1}{2}\cdot\dfrac{\pi}{2}(n\text{ 为正偶数}),\ I_0=\dfrac{\pi}{2}\end{cases}.$$